実践・プレッシャー管理のセオリー

大是文化

麥肯錫情緒處理法與菁英養成

為什麼從這家公司出來的人，
都這麼強？

麥肯錫系列暢銷書作者
高杉尚孝／著　　劉錦秀／譯

目錄

CONTENTS

目 錄

CONTENTS

第二部 從案例學習，情緒處理有方法

目 錄

CONTENTS

結語

被裁員別生氣、沮喪，但可以遺憾

推薦序

情緒問題非關情緒，而是思考的技術

國立清華大學計量財務金融系兼任助理教授／徐正宗

若你想在成為菁英的路途上找到指引，這本高杉尚孝著作的《麥肯錫情緒處理法與菁英養成》提供各位非常好的線索，他的精闢剖析讓我們澈底了解，如何培養自我的心理素質，並一窺麥肯錫顧問公司是如何從基層培養菁英的操作實務。

瑞典格言說：「我們都老得太快，卻聰明得太遲。」為了趕在還沒太老以前學聰明，透過本書提升個人軟實力，是你絕對不能錯過的選擇。

個人於退休後，應邀至各機構分享人力資源管理、人才管理、策略性思考及菁英幹部養成等相關課題多年，我有一個很大的感觸，要成為一位菁英，固然應具備所謂的**硬實力**（Hard Skill）：知識、技術及能力等，還要有**軟實力**（Soft Skill）：壓力管理、邏輯思考、時間管理、情緒管理、人際關係及溝通技巧等。然而，**硬實力易學，但培養軟實力就不是那麼簡單了**。

本書也有提到，很多人認為：「面對任何問題都能臨危不亂的人，是因為與生俱來的超強意志力，才能擁有異於常人的心理素質。」當然，處理問題的能力會因人而異，但作者認為，只要根據正確的理論加以實踐，人人都能培養處變不驚的沉著力。

因此，本書作者以提高個人的工作效率與競爭力為主要目的，層次分明的闡述管理壓力的訣竅：

一、**WHAT**：什麼是工作上可能面臨的壓力，及現實中容易造成壓力的環境。

二、**WHY**：說明實踐背後正確的理論，與實踐後的好處。

三、**HOW**：收錄豐富的實際案例，配以淺顯易懂的文字及圖表，詳述有效管理壓力的實踐方法。

本書作者曾任職於美孚石油（Mobil）、麥肯錫、JP摩根銀行，在美國工作長達十二年之久。在日本，作者不但協助許多中小企業培育優秀的人才，也是心理素質強化技術的先驅者。透過作者多年來累積的實務經驗，深入淺出的舉出實際案例及歸納出簡單的實施步驟，告訴大家在任何狀況下如何維持專業，處理負面情緒。

作者認為，**情緒問題其實非關情緒，而是一種思考的技術**，不能光靠正向思考而要懂得區分：好的負面思考與壞的負面思考，只要破除思考上的盲點，就能戰勝壓力，隨時保持亮眼成績。

成為專業經理人不可或缺的四個必備條件為：「財務金融」、「邏輯思考」、「簡報技術」、「**情緒處理**」。其中，最重要的就是「情緒處理」。因此，只要能熟悉「情緒處理」的技巧，爾後不論在如何高壓、惡劣的環境中，都能保持冷靜，用專業的態度處理任何問題，成功邁向菁英之路。

我個人非常認同這一點，我的第一份工作，就是在外資銀行上班。我被派任接掌中小業務部、稽核部，後來又調升財務協理、財務副總經理。但年紀輕輕位居高位，難免會遭遇一些挫折。我還記得，剛升上副總沒多久，就有一個幹部拿著一疊公文丟在我桌上，對我說：「這事我不會做，請看著辦！」當下，我是有怒氣的，但理智告訴我，一動怒即全盤皆輸。

因此我讓自己冷靜下來，保持風度接下這個挑戰。當天晚上，我耐著性子開夜車，澈夜研究對方「丟」給我的文件，第二天心平氣和的找來這位幹部，指出此案問題何在、該如何處理……結果，對方當場啞口無言，自此再也沒找過我麻煩。

還有一次在週五下班前，香港方面突然來了一份傳真，要所有亞洲分行提供重要資訊。當時總經理出差，代理總經理主張等週一總經理回來再說。但我認為不妥，堅持迅速回應，我們兩人連夜就把資料整理好送出。

週一上班，總經理把我們叫去：「感謝你們在最短時間內做了對的決定，幫我保住了年終獎金，也讓臺北分行很有面子。」原來，當天只有我們迅速回應，總部遂決定處分其他國家的分行主管，當年每人扣一〇%年終獎金。

這些經驗讓我了解，人的才能、知識能透過學習吸收，但若沒有強大的心理素質，在緊要關頭，就很容易慌了手腳，讓平日的努力功虧一簣。

因此，我認為無論是剛進入職場的素人，或已經有多年經驗的資深人員，都應該持續鍛鍊個人的心理素質，讓你在工作上更得心應手，即使承擔重任也能處變不驚，還可以透過強化心理素質，讓人生更充實。

（本文作者於美國商業銀行任職二十五年，一路擔任該企業各管理要職，並接下美國商業銀行副總一職，退休後從外商轉戰本土金融界，曾任台新金控副總、富邦金控副總暨人事處處長、中華人力資源開發資深講師。現任中國人才研究會金融人才專業委員會資深諮詢顧問、國立清華大學計量財務金融系兼任助理教授、台灣金融研訓院顧問講師。）

前言

為什麼麥肯錫歷練出來的人，都這麼強？

現在，許多企業在長期不景氣中，不論是國外或國內市場，都面臨強大的競爭。連帶的，上班族不分年齡、性別，都得承受沉重的業績壓力，或隨時被裁員的危機。

因此，若想提高自己的競爭力，在任何狀況下都能發揮實力，就該加強「心理素質」（Mental Toughness），也就是**在壓力下，任何時候都能控制自己的情緒，冷靜並準確的執行任務**。

昔日被視為是日本企業兩大特色的「年功序列（編按：日本傳統的工資制度。以年資和職位來訂定標準化的薪水，通常搭配終身僱用的觀念，鼓勵員工在同一公司累積年資到退休）」和「終身僱用」觀念已走入歷史。許多企業紛紛要求員工，即使面臨龐大的競爭壓力，仍必須在最短的時間內交出亮眼的成績單。

不過，許多人縱使擁有專業的知識和經驗，卻因為承受不住與日俱增的壓力、無法充分發揮實力而失敗。**因此，提高心理素質，可以說是發揮實力的必備條件。**

另一方面，隨著經營模式與工作環境改變，現代人必須讓自己更有彈性，才能隨時適應新角色，或不斷變化的工作內容。

例如：

- 資深的業務員被要求必須懂會計、財經、金融方面的知識。
- 身為研發人員，突然被指派去承攬行銷工作。
- 習慣用軍事化教育領導部屬的主管，被要求改以輔導、傾聽等方式關懷部屬。
- 一向只憑直覺思考的人，突然被要求有邏輯的分析、報告。

當環境改變時，難免會產生壓力。如果不懂得如何調適、排解，以至於被負面情緒擊潰，成長就會因此受限。

因此，不論是想發揮實力、學習新的技巧，我認為首要之務，就是必須擁有能戰勝壓力的心理素質。

練出超強心理素質，從實例學方法

很多人可能會認為：「面對任何問題都能臨危不亂的人，是因為與生俱來的超強意志力，才能擁有異於常人的心理素質。」你或許也曾在辦公室聽過同事討論：「A超厲害，不論什麼狀況都能沉著應對，相較之下B就比較脆弱，每次遇到問題立刻變得手足無措。」當然，處理問題的能力會因人而異，但我認為，只要根據正確的理論加以實踐，人人都能培養處變不驚的沉著力。

另一方面，你或許會想到現在很熱門的自我成長課程，如邏輯思考、簡報術，以及強化個人特質等內容。雖然這些能力的確能幫你在職場上加分，但想擁有這些能力，需要付出很多時間、努力，許多人會因為過程太辛苦，中途就放棄了。若你先懂得如何鍛鍊心理素質，就能輕鬆面對各種挫折、考驗，還有機會發揮超群的表現。

其實，心理素質就是一種思考技術。只要有系統的學習並持續練習，心理素質將會成為你最強的核心能力，讓你做任何事都事半功倍。

這本書不是單純說明工作壓力或心理壓力的空泛理論，更不是幫你打氣或讓你得到安慰的勵志書，畢竟在職場上，光靠正面思考或愉悅的情緒，是無法成就大事的，還是需要實用的方法。

這是一本談論壓力管理的指南書，我參考目前在協商、面試現場，最受注目的「行為心理學」、「理性情感行為心理學」，和其他的「普通語義學（general semantic）」、「東洋哲學」等理論。

另外，因我有留美的經驗，也曾在日商企業、美商公司擔任過經營管理顧問、處理銀行投資業務，還做過企業危機管理顧問，現在則經營個人事務所。所以，我以提高工作效率為目的，透過個人的實際經驗，提供如何管理壓力的訣竅。

本書收錄豐富的實際案例，將工作上可能面臨的壓力及造成壓力的環境，真實的呈現，並提供有效管理壓力的方法。

此外，因為有許多人參加過我舉辦的「心理素質強化研習」課程，我也將與這些人交流後得到的心得與建議，真實記錄在本書中。

在第一部裡，我先簡單的解說壓力產生的過程，以及克服壓力的方法；接著，我安排人物對話的形式，模擬工作上可能會發生的狀況，讓你對加強心理素質的理論有更深入的了解，並實際運用到工作上。

我深信，本書的內容不但能讓你的工作表現更出色，還可以透過強化心理素質，讓你擁有更充實的人生。

第一部

四步驟處理情緒，菁英這樣用

序章

壓力不會壞了事，是壞思考悄悄作祟

1. 被情緒綁架，能力再強也沒用

「不論工作或運動，通常讓人感到巨大壓力的行為、訓練，尤其是思考練習，都會產生驚人的效果。」

——美國著名運動心理學家　詹姆斯・洛爾（James E. Loehr）

遭遇莫大的壓力時，任誰都會覺得不安、生氣、沮喪，甚至出現罪惡感。如果因此被負面情緒擊敗，很可能會攻擊對方，或是逃避、感到絕望，不只影響工作表現，甚至讓自己陷入困境。

為了避免這種狀況發生，首先，我們必須了解壓力。

接下來，我會用瀧口的例子說明壓力的本質，讓你了解壓力如何影響行為，再提供避免增加自己壓力的辦法，戰勝壓力。

瀧口在大型綜合電器製造公司的 3C 產品業務部擔任課長，今年三十八歲。他在公司表現出色，對工作充滿熱情並受到許多人肯定。半年前，瀧口成為新商品開發專案的負責人，他很希望新商品能成為業務部的主力商品。人事命令下來時，業務部的經理還親自鼓勵瀧口：「加油，你一定要好好表現，不要辜負大家對你的期待。」

不過，這個專案團隊只是一支混編的隊伍。由於七名成員分別來自業務部、設計部、技術部，所以從一開始就狀況不斷，過程中不是意見對立，就是遇到技術上的難題，總是被時間追著跑。每每遇到狀況，瀧口就會更嚴厲的求自己：「無論如何一定要完成任務，絕對不許失敗。」

雖然瀧口非常努力，但隨著專案截止日期越來越近，卻遲遲沒看到成果，瀧口也越來越不安，他擔心**專案無法在截止日期前做完，會辜負大家的期待**。因此，他強迫自己壓抑想逃避的衝動，還延長加班的時間，想辦法把工作做完。

因為長時間承受高壓，瀧口變了。原本溫和、穩重，現在只要成員稍微反抗他的指示，他就發脾氣，甚至與對方大吵一架。不只如此，瀧口的身體也出現狀況，時常頭痛、頭暈、失眠，無時無刻都覺得很累。

終於，到了必須向主管報告進度的日子，但那天早上瀧口突然全身無力，完全無法下床，只好向公司請假一天。

由這個案例你可以看到，瀧口最後被壓力擊垮了。不只如此，因為長期承受龐大的壓力，讓他產生許多負面情緒，甚至嚴重影響他的表現。

例如：

- 因為工作進度落後感到不安，因此想逃避。
- 因為無法達成共識而發脾氣，甚至與對方大吵一架。
- 覺得自己會失敗而沮喪，索性把自己關在家裡。
- 認為自己辜負主管的期待，產生強烈的罪惡感、覺得自己很沒用。

以上這些就是**因為壞的負面情緒引起的不良行為**（見圖1）。當瀧口做出「逃避、大吵一架、把自己關在家裡、覺得自己很沒用」等情緒反應，不但無助於解決問題，還極有可能會做出令自己後悔的舉動。無論是誰，只要被情緒控制，即使能力再強也無法充分發揮，自然得不到好結果。

負面情緒要如何產生正面結果？

從瀧口的例子可以了解，如果不想被負面情緒控制，就得「戰勝壓力」。換句話說，就是**在壓力下，善用好的負面情緒，積極行動**。

假設瀧口懂得**選擇情緒**，他就可以這麼做：

- 因「擔心」進度落後，盡可能「做足準備」。

圖1　被壓力打敗時……

壞的負面情緒		消極的行為
不安	→	逃避
發脾氣	→	大吵一架
沮喪	→	把自己關在家裡
罪惡感	→	覺得自己很沒用

- 因無法達成共識而感到「不高興」，於是試著和對方「溝通」。
- 發現可能會失敗而感到「難過」，因此透過「分享」舒緩情緒，並和所有人一起找出解決辦法。
- 覺得辜負主管的期待而「內疚」，決定開始「反省」自己的問題。

以上這些都是「**將好的負面情緒轉化為積極行動**」的做法（見圖2）。其中「準備、溝通、分享、反省」，都是能解決問題的積極行動，這麼做能

圖2　戰勝壓力的結果

好的負面情緒		積極的行動
擔心	→	做足準備
不高興	→	加強溝通
難過	→	與人分享
內疚	→	反省檢討

幫你擺脫負面情緒的干擾，充分發揮實力。換言之，只要想法正確，自然能得到好的結果。

由此可知，「擔心、不高興、難過、內疚」等情緒雖然是負面的，卻能帶來正面的影響，促使你積極解決問題，所以又稱為「好的負面情緒」。

2. 負面情緒，也分好與壞？

話說回來，到底該怎麼區分「好的負面情緒」和「壞的負面情緒」呢？在此，我想先解釋這兩者的不同。

一般人都知道，情緒可分成兩大類，即正面情緒和負面情緒。比如說，愛是正面情緒，恨是負面情緒；喜悅是正面情緒，沮喪是負面情緒等等。

不過，多數人都不知道，**負面情緒還能分為「好的負面情緒」和「壞的負面情緒」**。例如：「不安、生氣、沮喪、罪惡感」就是「壞的負面情緒」，至於「好的負面情緒」則有「擔心、不高興、悲傷、內疚」等。這兩者間最大的差異，在於壞的負面情緒會超越人的理智，讓人因衝動做出無法挽回的事；相反的，好的負面情緒卻能讓人重新振作，積極面對問題。

現在，請你回想曾看過的電影，或人氣歌曲中的歌詞。

若是以「悲傷」為主題的電影或歌曲，即便會喚起不愉快的回憶，卻讓你願意重新審視過去，積極的面對曾經避而不談的問題。相反的，如果是讓人覺得「沮喪」的主題，接觸後常常讓人深陷過去無法自拔，心情也因此受到影響，感覺悶悶的、久久無法平復。

所以，「壞的負面情緒」會讓狀況往壞處發展，甚至令人做出後悔的行為；但「好的負面情緒」卻能帶來正向的改變。

接下來，請你想一想以下的情緒有什麼不同？

- 不安與擔心。
- 生氣與不高興。
- 沮喪與悲傷。
- 罪惡感與內疚。

練習找出它們之間的差異，對減輕、消除壓力會有非常大的幫助。

壓力不會壞事，壞情緒才會

你可能常聽到：「思考能力很重要」、「上班族不可缺少的就是行動力」，卻幾乎沒聽過「**情緒選擇**」很重要。我想這是因為，多數人認為「思考和行動可以控制，但情緒不能」。也就是說，一般人認為，情緒會受到外在的突發狀況影響。

例如：

- 在公開場合被主管罵。
- 在會議上回答問題卻被取笑。
- 同期的同事比自己先晉升。
- 無法答應對方的要求，雙方不歡而散。

在狀況發生的當下，你可能覺得羞愧、憤怒、沮喪、有罪惡感……（見下頁圖3）這些情緒看似是合理的反應，許多人也認為，情緒的確會被當時的狀況左右。不

圖3　外部環境能直接影響情緒？

外部環境		壞的負面情緒
A（誘發事件）		C（結果、行為）
• 被主管罵	→	覺得非常生氣
• 在會議中被大家取笑	→	極度沮喪
• 同期同事先晉升	→	覺得十分不安
• 無法答應對方的要求	→	有強烈的罪惡感

過，這不代表你必須隨時控制狀況，才能不被情緒影響。

換個方式說，如果情緒會直接受到事件影響，那麼任何人在相同狀況下，應該會出現一樣的情緒。但實際上，即使每個人遇到相同的問題，反應也不會一樣。

例如，在會議中無法達成共識時，有人會覺得很沮喪，但有些人會生氣。或者發現工作出狀況時，有人會覺得自己很沒用、有些人會責怪他人、有的人卻樂觀的認為，這又不是什麼致命的錯誤。

因此，我們可以得到一個結論：**情緒不會百分之百受到外在的事件影響**。

情緒能控制——全看你怎麼「想」

在同一個狀況下，每個人會產生不同的情緒，最重要的關鍵就是，因為人會「**思考**」。接下來，我將藉由美國心理學家阿爾伯特・艾理斯（Albert Ellis）的「理性情緒行為心理學」（ABC Theory，ABC理論。即Activating Event，誘發事件；Belief，思考、信念；Consequence，結果）說明，人的思考對情緒有多大的影響（見下頁圖4）。

三十七歲的廣瀨是一位專案經理，他在科技業界小有名氣的顧問公司上班，負責維護大型銀行的資訊系統。最近，廣瀨不斷向客戶說明變更系統策略的好處及必要，但始終無法取得對方認同。他告訴自己：「無論如何，一定要讓客戶同意改變系統策略。」實際上，廣瀨對這個專案沒什麼把握，這讓他覺得很不安。

接下來，我用ABC理論分析廣瀨的壓力來源：

● 對廣瀨造成壓力的狀況是

圖4　思考、情緒、行為的連鎖反應

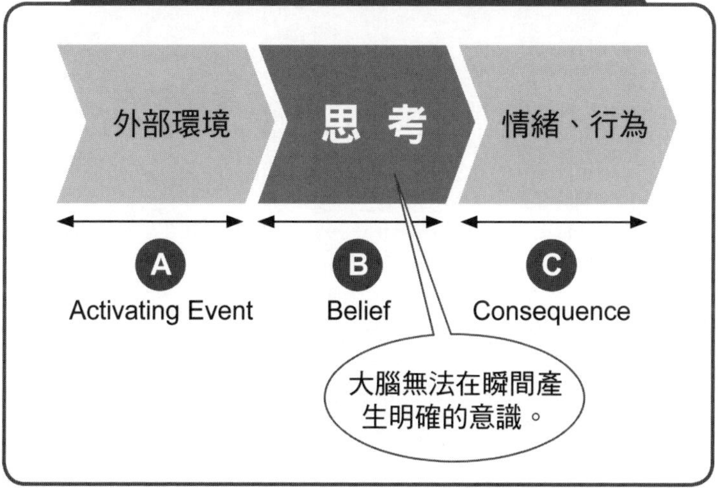

「努力卻無法取得客戶認同」，就是A（誘發事件）。

● 廣瀨認為「無論如何，一定要讓客戶同意改變系統策略」，這也就是B（思考、信念）。

● 廣瀨「覺得很不安」，這是他的感覺，也就是C（結果）。

根據ABC理論，「努力卻無法取得客戶認同」，不會直接導致C「廣瀨覺得很不安」，是經過B，也就是「廣瀨的思考」，才導致這個結果，讓廣瀨感到壓力。

若按發生順序重新整理，首先，因為「努力卻得不到客戶認同」；接著，因廣瀨個人強烈的主觀思考：「無論如何，一定要讓客戶同意改變系統策略」；最後，讓廣瀨「覺得很不安」，因為這個負面情緒，讓他產生極大的壓力。

如果還不了解，你可以透過另外一個例子再練習一次。

二十六歲的武田是廣瀨團隊中的成員，因為武田總是犯同樣的錯，所以廣瀨在公開場合狠狠罵了武田一頓。現在，請你試著用ABC理論，分析廣瀨出現這種反應的原因。

在這個事例中，誘發事件非常清楚是「武田總犯同樣的錯」。結果，「廣瀨在公開場合狠狠罵了武田一頓」。從「狠狠罵了武田一頓」可以推測，主管廣瀨受到誘發事件影響，對部屬武田發脾氣。因為，生氣很容易讓人產生攻擊行為，罵人就是一種言語上的攻擊。

那麼，為什麼誘發事件會導致這個結果呢？雖然當事者本身可能也不清楚，但由外部狀況及結果可推測出，廣瀨心裡的想法是：「絕對不能犯同樣的錯」。

再重新整理一次，就能了解：首先，因為「武田總犯同樣的錯」；而廣瀨的主觀想法是「絕對不能犯同樣的錯」；最後造成「廣瀨在公開場合狠狠罵了武田一頓」的結果。

從這兩個例子可以發現，**讓人產生負面情緒及衝動行為的思考，幾乎都沒有經過大腦重新整理**。因此，情緒和行為才會看似直接受到誘發事件影響。這可以進一步證明，負面情緒並非完全受到外部狀況的影響，從產生情緒到引發行為的過程中，其實有「**強烈的主觀思考**」介於其中。

你是不是常說：一定、絕對、非得？

根據前面的論述，我們可以肯定：「若長期承受巨大的壓力，很容易因為壞的負面情緒影響表現，或做出令自己後悔的行為」。此外，我將「生氣、不安、沮喪」等負面情緒，歸納為壞的負面情緒，這些壞的負面情緒很容易引起「不好的行為」，例如「攻擊、逃避、否定自我」等，導致問題惡化，讓人無法發揮實力。

接著，再將這個結論套入ABC理論重新整理。你會發現，誘發事件A即為壓力，「壞的負面情緒影響表現，或做出令自己後悔的行為」相當於結果C。雖然，看似是因為A得到C，其實，思考B才是決定結果的關鍵。也就是說，如果B是負面的，C也會是壞的，而負面的B，就是我前面提到的「強烈的主觀思考」。

我用這個理論再次分析瀧口的例子。我們已經知道，瀧口因為承受過大的壓力，體力不支，無法上班。在這過程中，影響瀧口的思考是哪種？從結論來看，嚴重影響瀧口表現的結果，正是因為壞的負面思考：

- 我**一定**得完成公司給我的任務。
- 我**絕對**不可以失敗。
- 在專案截止日前，我**非得**做出成果不可。
- 我**絕對**不能辜負大家的期待。

這些想法看起來很積極、正面，也能看出瀧口極大的抱負和企圖心。但他強迫自己一定要做到，要求自己絕對不能失誤，這種思考方式，正是造成他失敗的關鍵。也就是說，**所有負面行為，都是因為「強烈的主觀思考」造成的**（見下頁圖5）。

當然，瀧口的確是因為接下棘手的專案，加上眾人對他的期待，才導致他承受極大的壓力。不過這些壓力，其實是他想出來的。換句話說，**壓力不是客觀事實造成的，它往往經由當事人的思考被不斷放大，最後，變成連自己都無法承受的龐大負擔**。

正因為壓力是個人思想造成的，所以多數人容易被它控制，甚至被它影響。若想戰勝壓力，首先就是要懂得如何思考、選擇情緒。這麼一來，就能強化你的心理素質，讓你在任何場合都能發揮實力、贏得青睞。

圖5 壞的思考、情緒及行為引發的連鎖反應

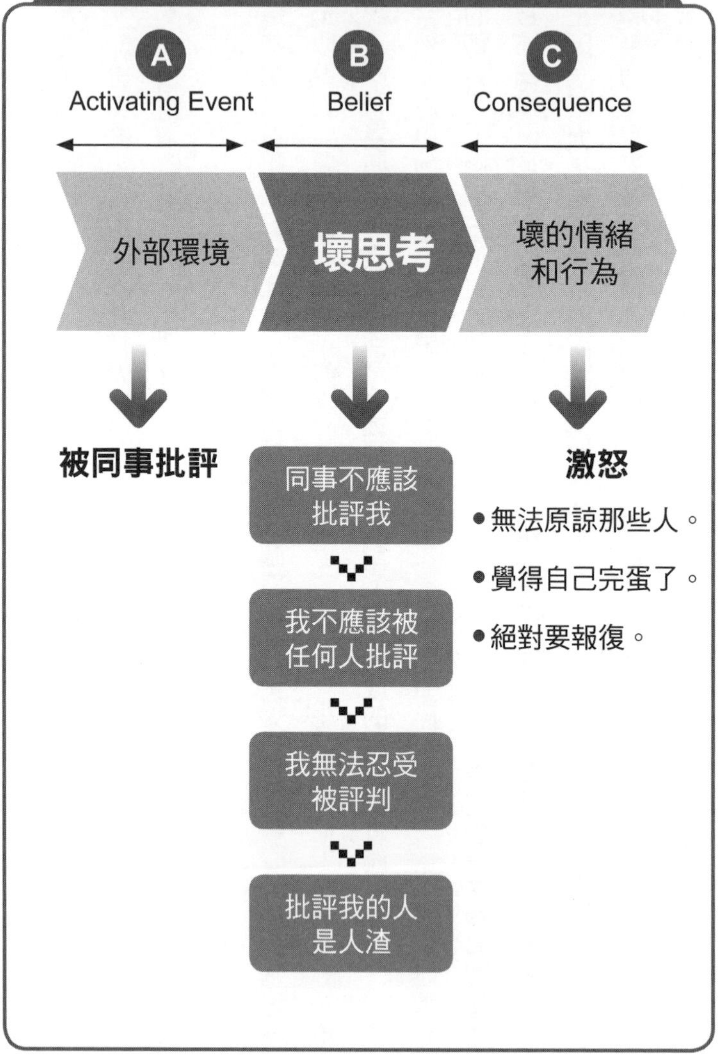
A
Activating Event
B
Belief
C
Consequence
外部環境
壞思考
壞的情緒
和行為
被同事批評
同事不應該
批評我
我不應該被
任何人批評
我無法忍受
被評判
批評我的人
是人渣
激怒
●無法原諒那些人。
●覺得自己完蛋了。
●絕對要報復。

3. 追求好表現，你得「選擇」情緒

因此，若想戰勝壓力、追求好表現，就得「善用好的負面情緒，做出積極的行為」，例如：擔心、不高興、悲傷之類的情緒雖然是負面的，卻是「好的負面情緒」，能促使你提早準備、主動溝通，有效的解決問題。

再回到瀧口的例子，如果瀧口想得到好的結果，就應該調整自己的思考，轉化為好思考，例如：

- 我**最好能**完成公司給我的任務。
- 我**盡可能**不失敗。
- 我**想**做出成果。
- 我**希望能**符合大家的期待。

也就是說，避免壓力最好的方法，就是別把目標、價值、企圖視為絕對要求，而是將其當成希望、期待，這就是好思考。這麼一來，在有壓力的狀況下，即使會因壓力而情緒緊繃，也能避免被壞的負面情緒控制、衝動行事，進一步做到選擇情緒。

當你懂得善用「好的負面情緒」，自然能強化你的心理素質，無論接下多困難的任務，都能不被壓力打敗，發揮出你的實力（見下頁圖6）。

四個步驟，練出超強心理素質

根據以上的分析，我研發出一套能增強心理素質的思考技術，就是「**在壓力下，將壞思考修正為好思考，把壞的負面情緒和負面行為，很快轉換成好的負面情緒和正向行動**」。

這個技術就是以**對自己的期待**取代**絕對要求**，讓自己的思考更合乎邏輯、符合現實並具有彈性，進而選擇「好的負面情緒」。例如，你可以告訴自己：「我希望自己能做到」，而不是一味的要求自己：「我一定要做到！」當然，這不是一天就能練成的技

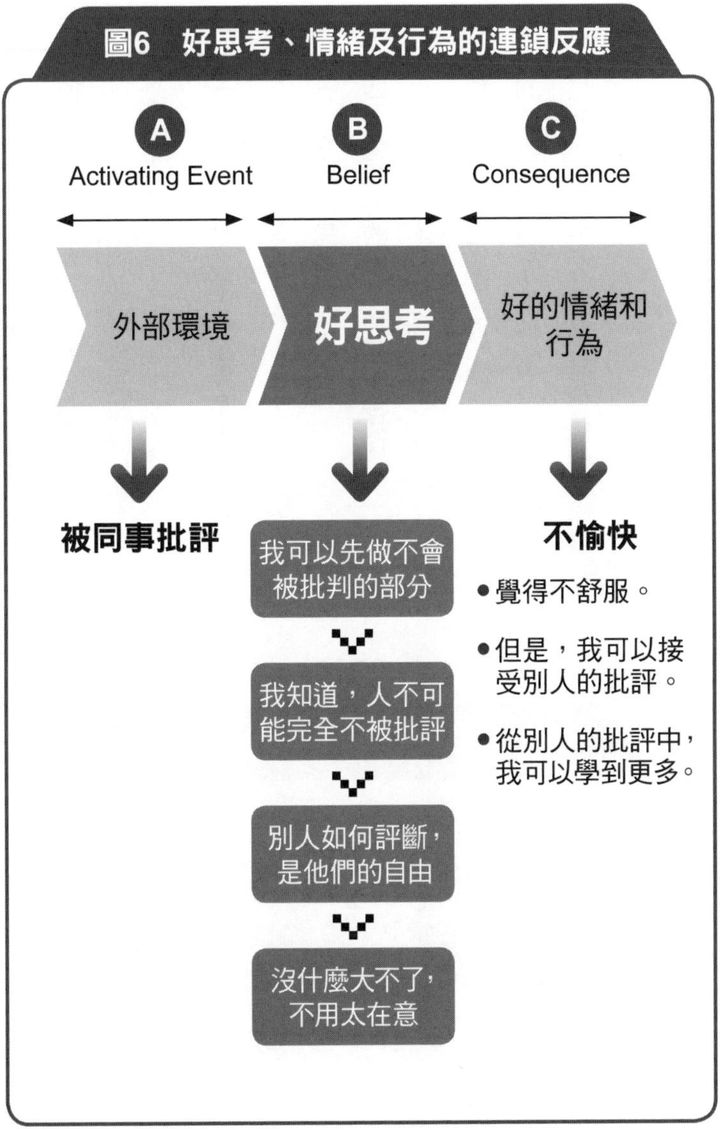
圖6　好思考、情緒及行為的連鎖反應
A
Activating Event
B
Belief
C
Consequence
外部環境
好思考
好的情緒和行為
被同事批評
我可以先做不會被批判的部分
我知道，人不可能完全不被批評
別人如何評斷，是他們的自由
沒什麼大不了，不用太在意
不愉快
●覺得不舒服。
●但是，我可以接受別人的批評。
●從別人的批評中，我可以學到更多。

能，但只要經常練習，就能在短時間內看到成果，而且輕鬆實踐在工作或日常生活中。

以下，是強化心理素質的四個步驟：

一、了解在壓力下，容易產生哪些壞思考。

二、分辨壞思考。

三、發現好思考。

四、選擇好的情緒和正向行為。

精通這四個步驟（見圖7），就能提升精神上的免疫力，讓你不被壓力打敗。即使有壓力，也能從容應對各種疑難雜症，讓你表現更出色。

圖7　強化心理素質的四個步驟

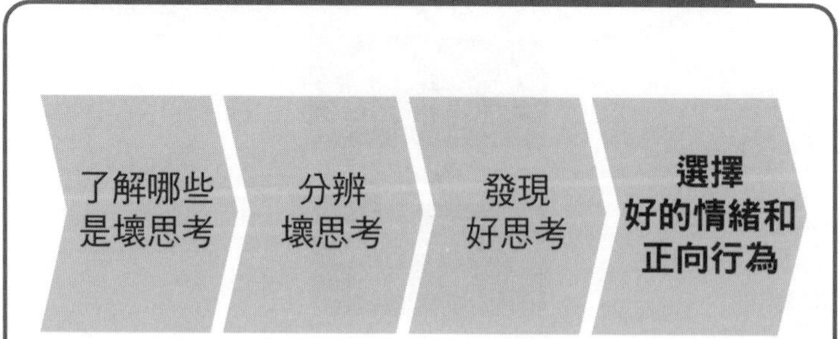

專欄

明明成功了，為什麼心情卻超差？

明明很努力卻無法達成目標時，人往往會產生極大的挫折感。這時多數人會覺得很累、全身無力，甚至喪失鬥志去迎接新挑戰，我們稱這些狀態為「身心俱疲症候群」（Occupational burnout syndrome，又稱職場疲勞症候群）。

身心俱疲症候群是一種令人提不起勁的憂鬱狀態。視情況的嚴重程度，甚至需要尋求專家協助。不過，別以為這種狀況只出現在遭遇困難時，有時即使順利達成某個目標，也可能因為之前努力過頭，而產生無力感。

尤其是在完成人生重大目標時，例如：高分上榜、找到好工作、擁有人生第一棟房子、還完貸款、如願升官、順利退休等，特別容易因為瞬間釋放所有的壓力，反而讓人精神萎靡、情緒低落。

當激勵變壓力，目標也離你越來越遠

你可能會好奇，為什麼好不容易達成目標非但不開心，還覺得全身無力呢？我認為，原因就是在努力的過程中，出現太多壞思考。比如說：「一定要通過這個考試」、「四十歲前非得擁有自己的房子不可」、「退休之前絕對要達成所有工作目標」等，**這些「絕對思考」，無形中為自己帶來很大的負擔**。

如果不斷要求自己「絕對要做到」，最後卻做不到，這時壓力就會像水庫洩洪一樣，瞬間把你淹沒。正因如此，很多人在面對失敗時，會逃避、發脾氣，甚至認為自己很無能。

其實，仔細思考就能理解，會要求自己「絕對要做到」，有九〇％以上的人可能是因為「害怕失敗」。換句話說，就是對失敗的恐懼，造成自己必須莫名承受各種心理壓力。有時，甚至連大家的鼓勵、加油都會成為一種壓力。

因此，即使目標達成了，人也會像氣球一樣，因為長時間處於緊繃狀態，一旦改變壓力很容易就會爆炸，對任何事都提不起勁，也無法感受到達成目標後的成就感及滿足，更遑論接受新的挑戰。

把「絕對」換成「希望」，你的熱情更持久

一個人之所以會失去鬥志、動力，我認為最主要的原因，就是認定「非達成目標不可」。一開始，或許這會成為支持你前進的動力，但時間一久，很容易讓人開始鑽牛角尖，若最後不幸失敗了，更可能成為壓垮自己的沉重大石。

那麼，該如何預防身心俱疲症候群？其實很簡單，就是改變思考。如果習慣以「非達成不可」砥礪自己，你可以換個方式思考，像是：「如果可以完成就好了，即使做不到也無所謂，盡力就好」，縱使最後沒有達成目標，或結果不符合自己的期待，也不至於給自己太大的壓力，造成自己精神上沉重的負擔。

簡單來說，改變思考後，即使失敗了，結果也是自己能承受的，這個不好的結果或許會影響心情，但不至於衝擊你的工作狀態或日常作息，讓你隨時都能重新振作。

更棒的是，如果順利達成目標，也不會因為努力過頭，像洩了氣的皮球般失去力

量，還能享受成功帶來的喜悅及成就感。

不只如此，把「絕對要求」轉換成「相對的期待」後，還**能減輕「絕對思考」的壓迫感**，讓人更清楚、實際的認識事物的本質。此外，**能讓人用更柔軟、更有彈性的方式，有條不紊的處理各種狀況**。如此一來，就能提高成功的機會，做出好表現。

而且，因為能充分享受努力的過程，這會讓你的熱情持續更久，其他人的鼓勵也會變成正面的能量，不再成為你的負擔。

當然，除了好思考外，還要注意均衡飲食、睡眠充足等，做好健康管理。這麼一來，自然能遠離壓力，成為成熟專業的工作者。

第 1 章

壞思考聽起來都很積極，你得認識它

4. 壞思考：每一句話聽起來都很積極

我在序章中已充分說明，如何透過好思考和好的負面情緒，加強心理素質，並解釋為什麼人的行為會受到思考影響。以此作為基礎，我歸納出強化心理素質的方法，即藉由好思考，引導自己選擇好的負面情緒和正向行為。

現在，我們已經明白，人會產生壓力的關鍵因素就是壞思考。因此，在學習如何用好思考選擇情緒前，首先要知道什麼是壞思考，並了解壞思考對我們造成的影響。

從我長期觀察及研究的結果發現，「絕對、一定」這類絕對要求，最容易形成壞思考。如：

- 我一定要做到完美無缺。
- 面對競爭，我絕對不能輸。
- 我絕對不能犯錯。

- 我一定不能被否定。
- 對方非得照我的意思做不可。
- 無論如何，非得配合我調整不可。

以上這些絕對的要求，就是「絕對思考」。雖然，乍聽之下每一句話都很積極，事實上，這種思維不但會讓自己在精神上累積龐大的壓力，還會綁手綁腳，甚至讓你表現失常（見圖8、下頁圖9）。

小心，絕對思考會讓你來不及應變

為什麼「絕對思考」會讓你產生這麼大的壓力？因為當你認定「非這麼做不可」、「不那

圖8　小心，積極的想法會讓你表現失常

圖9　絕對思考來自主觀判斷

壞思考

例如：「非做到不可」

「絕對不能……」

「我一定要做到完美無缺。」

「面對競爭，我絕對不能輸。」

「我一定不能被否定。」

「對方非得照我的意思做不可。」

「無論如何，非得配合我調整不可。」

……

……

絕對思考

絕對思考暗藏「理所當然」、「應該」等強烈的個人主觀判斷。

樣做不行」時，無形中已限制住自己，如果過程不順利，或發現有可能失敗，就會因期待與現實落差太大而大受打擊，無法接受結果（見下頁圖10）。

換個說法，**絕對思考就是自己想出來的矛盾**。因為先入為主的認為「這是絕對不能發生的事」，但最後還是「發生了」，因此，又主觀的認為「這是最糟的狀況」。

說穿了，因為人的大腦被「絕對思考」控制，才會認為這是絕對不允許發生的結果。如果從客觀的角度觀察，就能理解「挫折、停滯、失敗」，都是可能的結果，只是自己被絕對思考蒙蔽，來不及提前準備應變辦法。

總之，絕對思考是一種很危險的思考方式，不僅會侷限人的思考，還很容易誘發負面情緒。若用開車作比喻，「絕對思考」就**等於同時踩下油門和煞車**，是一種自取滅亡的思考。

接下來，我們來看一個例子，鈴木今年三十四歲，任職於重機電製造廠的國際事業部，他一直很重視升等考試，每次準備考試時都告訴自己：「無論如何非得考上不可、絕對不能失敗。」不幸的是，這次他還是沒有通過考試，因此他非常沮喪。

請你想一想，是什麼原因讓鈴木覺得非常沮喪？

沒錯，就是鈴木以為一定會發生的事沒發生，絕對不會發生的事卻發生了。這對鈴木來說，當然是難以承受的悲劇。

不只如此，在等待結果的那段時間，鈴木因為絕對思考，一直處在高度不安中，這些不安又為他帶來更大的壓力，形成惡性循環，嚴重影響他的表現。

如果分析鈴木的思考順序就會知道，讓他情緒失控的主因，就是他已經被絕對思考綁架了。

圖10 「絕對思考」的迷思

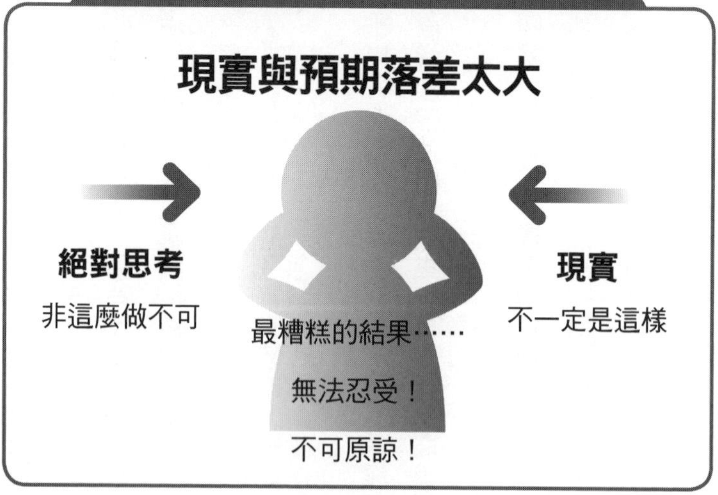
現實與預期落差太大
絕對思考
非這麼做不可
最糟糕的結果……
無法忍受！
不可原諒！
現實
不一定是這樣

成功了卻沒有喜悅？要小心

絕對思考還會引起一個更麻煩的問題，就如同我在序章後的專欄提到（請參閱第四十五頁），用這種邏輯思考，即使拚命達成目標，也可能因彈性疲乏而感到無力、失去鬥志，根本無法享受成功的喜悅。

因為，一旦要求自己一定要做到，伴隨而來的就是「害怕失敗」、「擔心發生最壞的結果」，並帶著這些壞的負面情緒，逼自己撐下去。雖說適度的壓力能激發人的鬥志，成為前進的動力，**但長時間承受龐大的精神壓力，又無法適度緩解，最後只會讓人身心俱疲，完全感受不到喜悅**。

不僅如此，因為大腦被絕對思考限制，縱使結果如預期般成功，也會因為一切都在預料之中，甚至會認定「這是理所當然的」、「本來就該是這個結果」，於是乎失去成就感，甚至覺得不滿足。

若真的如此，就太悲慘了。不管成功與否，都只剩下一身的疲憊，要是不幸失敗，當然會遭受嚴重的打擊，更別說打起精神，勇敢嘗試其他挑戰了。

這讓我想起，之前在外商公司工作時負責處理的一個案子。三十二歲的佐藤在顧問公司上班，是一位優秀、認真的技術顧問。他從日本知名大學畢業後，就進入大型綜合商社（**按：集貿易、投資、金融、人才、資訊和物流等綜合機能為一體，日本獨有的貿易組織**）工作。拿到MBA學位後，他告訴自己：「絕對不能辜負大家對我的期待、無論什麼事，都要做到完美無缺」，不分晝夜的努力工作。

不過，在負責的第三個專案結束後，他卻辭職了，這個決定讓他身邊的人大吃一驚。但他明白，這是他的極限了，因為他承受的壓力已經到達臨界點。或許你以為，佐藤很聰明，懂得及時踩煞車，至少還沒賠上健康，事實上，佐藤長期累積的壓力，早已影響他的健康，讓他身心俱疲了（見下頁圖11）。

沒效率不是能力不足，而是想太多

再次回到佐藤的個案，雖然他很努力想做出一番成績，卻因為「絕對思考」，為自己「想」出很多壓力，造成他心理上沉重的負擔。也就是說，**絕對思考不但無法激發**

圖11 「絕對思考」的壞影響

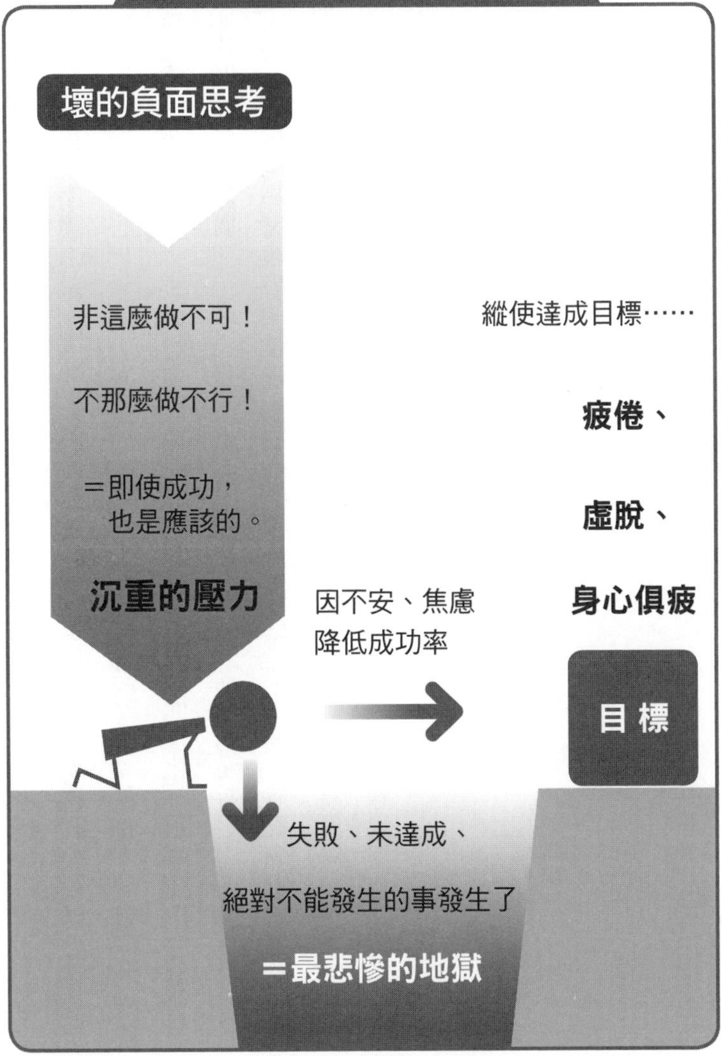
壞的負面思考
非這麼做不可！
不那麼做不行！
＝即使成功，
也是應該的。
沉重的壓力
因不安、焦慮
降低成功率
縱使達成目標……
疲倦、
虛脫、
身心俱疲
目標
失敗、未達成、
絕對不能發生的事發生了
＝最悲慘的地獄

人的鬥志，還可能會形成龐大的壓力，增加失敗率。

為什麼我會這麼說？就如同我在前面所說的，被這種想法束縛的人，努力時一定懷抱著不安，總是擔心「失敗了怎麼辦？」、「不順利怎麼辦？」，很難全神貫注的解決問題或追求目標。當然，大腦也會因為充滿壞的負面情緒而僵化，很難想出好點子。如果做事時總帶著焦慮、不安，一定會影響工作效率，導致表現失常。

尤其，在這個高度競爭的環境，若不能隨時保持專業水準，並養成處變不驚的應對能力，就很容易被淘汰。這如同一家公司，生產、業務流程出現問題，或效率低落時，就應想辦法立刻改善。同樣的，如果你的思考沒效率、或思考流程有問題，就要改變它，讓它成為你成長的助力。

5. 不曾扛起，別說放下了——這叫無所謂

接著，我要介紹和「絕對思考」一樣危險的「無所謂思考」。這種思考其實很常見，你我可能都曾有過這種想法：

- 再努力也不會有結果。
- 計畫趕不上變化，算了吧。
- 結果是好是壞都無所謂。
- 反正制度就是如此，習慣就好。

這些都是將錯就錯的不良思考。不過，你可能不知道，這些消極想法的根源，還是「絕對思考」。

實際上，**「無所謂思考」就是：因為無法承受「絕對思考」製造出來的心理壓力，**

進一步否定個人的目標、期待、企圖，想用敷衍、隨便應付過去來逃避結果的壞思考。尤其是完美主義者，很容易因為對每件事都要求完美，最後承受不住壓力，思考也因此被扭曲。

武田就是一個典型的例子，他二十七歲，在製藥公司上班，每天都提醒自己：「絕對不能犯錯」。雖然，武田一直希望自己能有好表現，但絕對思考讓他受限於「一定要做到」的框架中，做事也變得呆板、不知變通。

武田漸漸發現，無論自己多努力，還是不可能完全不犯錯。對自己要求近乎完美的武田，因為做不到絕對不能犯錯，他開始否定自己，覺得自己根本辦不到。對自己的要求，也不過是在畫大餅而已。

於是，他變了，武田心想「人都會犯錯，幹嘛把自己逼這麼緊，即使犯了錯也沒什麼大不了」。武田明明不想犯錯，卻用這種想法否定自己的初衷和自我價值。

實際上，這種對於任何事都無所謂的思考方式，就是為了逃避絕對思考的壓力，所產生的自我保護機制。就本質而言，它和絕對思考一樣，都是不良的思考。

話說回來，「無所謂、習慣就好、隨便……」這類將錯就錯的想法，不只會降低人在工作上的熱情，還會提高失誤率，**重點是，它會使人無法從這些失誤中學到教訓，重複犯同樣的錯，讓人失去信心、不想再努力。**

什麼都「無所謂」，乾脆逃避現實

可怕的是，「無所謂思考」無所不在，每個人幾乎都曾有過這種想法。畢竟，多數人都期待自己能成功。不過，若對自己期望太大，就很容易陷入「絕對思考」的迷思中。持續一陣子後，這些人就會因為無法承受沉重的壓力，選擇逃避現實，或找藉口說：「反正結果又不是我能決定的，隨便吧。」於是乾脆放棄。

另外，這種心態也能在許多打工族身上看見。他們認為「沒有固定的工作無所謂」，只要有薪水入帳，即使這份工作看不到未來也無所謂。這些人原本也是滿懷期待的踏入社會，並立下志願：「一定要找一份好工作」，但現實與想像產生極大的落差，到處碰壁後，才改變了念頭。換言之，他們因為無法承受找不到工作的壓力，乾脆推翻了原來的期待與目標，選擇逃避現實。

這種「無所謂思考」，在青春期的青少年身上尤其明顯。譬如，認為自己被信任的老師背叛了，立刻一竿子打翻一船人，認定所有人都不值得信任。因為他們無條件的相信老師，一旦與老師關係決裂，就會產生強烈的失落感，覺得自己被背叛了。由於無法承受遭到背叛的打擊，加上害怕再次受傷，最後完全不相信任何人。

因此，想避免陷入「無所謂思考」的迷思，我認為最重要的就是，一定要設法改變思考模式。

6. 決心、自我期許，竟成了壞思考

仔細想想就能理解，絕對思考會讓人造成壓力的原因，正是因為自己先入為主的認為不可能發生的事，在實際執行過程發生了。因此，讓人感覺到高度的反差，並誘發「爛透了」、「無法承受」、「不可原諒」，三種由壞思考引起的負面反應。

接下來，我將介紹這三種負面反應會引起哪些不良的行為及結果（見下頁圖12）。

一、認為結果「爛透了」——絕望悲觀。

這是一種完全悲觀的思考，用這種模式思考的人，腦中全是「最壞」、「完蛋」、「世界末日」等負面的想法。換言之，在他們眼中，所有事都糟透了。

就像今年三十九歲的高橋，他在化學工廠擔任業務，在開發新客戶時，他都會對自己說：「無論如何，都要拿到這張訂單。」從這裡你可以發現，高橋腦中充滿強烈的主觀思考。不幸的是，這張訂單最後被競爭對手拿走了。

圖12　從「絕對思考」衍生出來的三種負面情緒

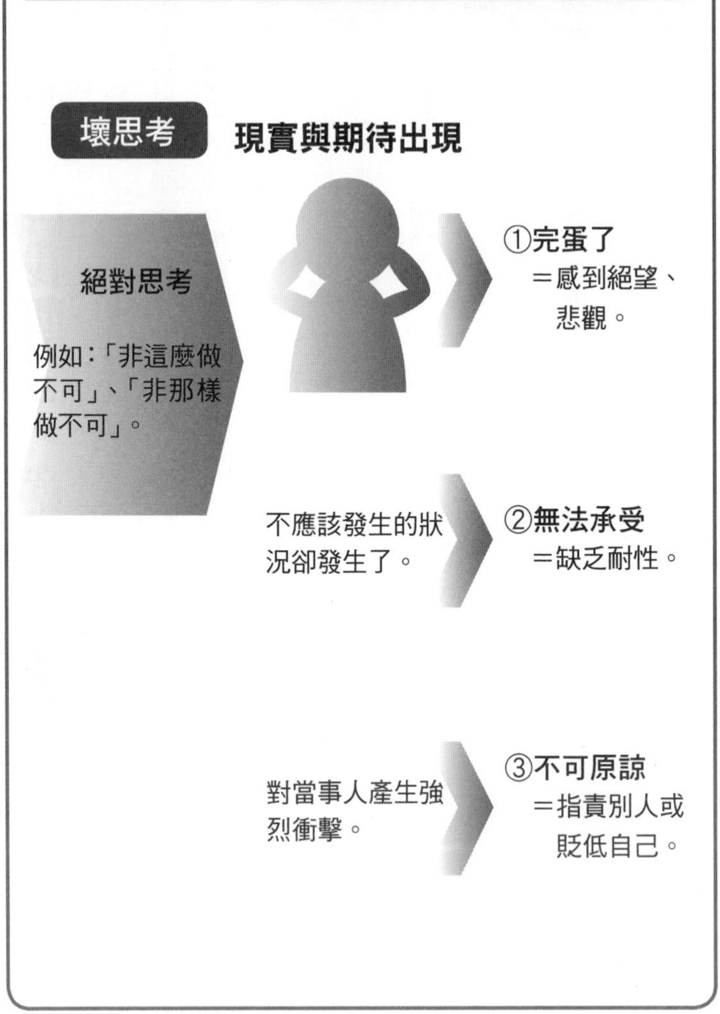
壞思考
現實與期待出現
絕對思考
例如：「非這麼做不可」、「非那樣做不可」。
①完蛋了
＝感到絕望、悲觀。
不應該發生的狀況卻發生了。
②無法承受
＝缺乏耐性。
對當事人產生強烈衝擊。
③不可原諒
＝指責別人或貶低自己。

從高橋的角度來看，這事「不應該發生」，卻真實的發生了。因此，他的情緒產生極大的落差，這種落差讓他產生了壞思考。他不斷的想：「結果真是爛透了、我完蛋了」，受到這些想法影響，他非常沮喪，甚至感到無比絕望（見圖13）。

在現實生活中，很多人像高橋一樣，因為預期的結果落空而陷入低潮，更嚴重的，甚至從此一蹶不振，對未來失去希望。如果高橋無法擺脫壞思考，讓這些想法繼續影響他，他就會開始否定自己：「以後我再也拿不到訂單了……」，認為自己不可能

圖13　從絕望、悲觀產生的負面思考

爛透了！

「太糟糕了，自己真差勁！」

「太過分了，那傢伙是個混帳！」

「完蛋了，這個社會毀了，世界沒救了！」

……

……

成功，離成功也會越來越遠。

二、認定自己「無法承受」——缺乏耐性。

絕對思考經常會衍生的第二個不良反應就是：缺乏耐性。例如，工作不順時，出現「這次我絕對不能讓步、我絕對不能忍受這種事、我沒辦法接受這種結果」等想法，這就是缺乏耐性的反應。事實上，這種人多半是一邊喊著「受不了、我無法忍受」，卻還是繼續完成接下來的工作（見圖14）。

你可能已經發現了，其實這只是

圖14　缺乏耐性的思考

無法容忍、無法讓步

我無法忍受這樣的自己！

我受夠那個人了！

我受不了這種工作環境了！

……

……

個人判斷的問題，換個角度思考，如果真的受不了，應該早就被壓力擊潰，根本不可能繼續做下去。

也就是說，大部分的人認為自己「無法讓步、無法忍耐、無法承受」，是被自己的思考騙了，因為**遭遇失敗時，人很容易把預料之外的結果視為難以承受的悲劇。**

換句話說，這個或許是自己沒預料到的結果，也沒有達到個人的預期標準，實際上並沒有這麼糟糕，只是被自己「想」壞了。

再次回到高橋身上，他因為沒拿到訂單，就主觀的認定結果爛透了。一旦先入為主的判定結果非常糟，就有可能衍生出「無法忍耐、無法承受」的壞思考。由此可知，**壞思考與不良反應容易形成「加乘」的效果，並把「負面」的情緒或過度反應再次放大。**

三、不能原諒對方、認為自己很差勁——指責別人，貶低自己。

絕對思考衍生出來的第三個負面反應是：「指責別人，貶低自己」。好比說，遇到突發狀況時，會「無法原諒自己」，或認為「全都是對方的錯」、「都是公司制度的問題」等，不自覺的把問題往外推。

本來，遇到問題時，多數人的第一個反應就是問：「是誰害的？」雖然這麼做無助於解決問題，卻能讓人擺脫失敗帶來的壓力，因此會出現指責他人的反應（見圖15）。另外，還有一種反應是，因遭受太大的打擊，自暴自棄，認為一切問題都在自己身上，進而否定自己。

就像失去訂單的高橋，因為無法承受失敗的壓力，他開始不斷問自己：「為什麼是這個結果？」受到壞思考影響，他主觀的認定：「全都是對方的錯，他們開出的條件太不合理

圖15　指責別人，貶低自己

絕對不能原諒！

「絕對無法原諒這樣的自己！」

「全都是那個人的錯！」

「這家公司爛透了！」

……

……

了」、「都怪主管，誰叫他們在價格上完全不讓步」。

一旦出現這種想法，就很難找出真正原因了，當然更難提出有效的改善辦法。最後被絕望、悲觀的思考控制，認為自己「再也拿不到訂單了」。

罵別人、怪自己，你會更沮喪

由此可知，「絕對思考」很容易引發「生氣、沮喪、不安、罪惡感」等負面情緒，讓人無法正常發揮實力。

例如，當自己主觀的認定：「絕對不能發生這種事」時，一旦有人意見與自己不同，或結局不符合期待，有些人會覺得生氣或懊悔；如果自己覺得很重要的價值觀遭到否定，則容易陷入沮喪、失望。若再嚴重一些，會感覺自己受到威脅，或不安的感覺揮之不去，或覺得自己做錯事、違背了道德，而產生罪惡感。

舉個例子，二十九歲的星野在知名的材料製造廠上班，他在該公司的技術開發中心負責專案管理。最近，公司因為不景氣開始裁員，但業務量不減反增。星野感受到來自公司高層的壓力，連帶的也提高對自己的要求，不時叮嚀自己：「無論發生什麼事，我都要順利完成手上的工作。」結果，因為星野一個人要做好幾個人的工作，很多事都無法在期限內完成。但他無法承認自己失敗，開始怪罪主管，認為「要不是主管處處刁難，自己一定能在期限內做完」，並把主管當成宣洩怒氣的對象。

另一方面，因為星野不斷要求自己：「過去我從未辜負過主管的期待，無論如何，我都必須堅持下去。」這時，他已經被絕對思考束縛了。再加上公司裁員，導致星野工作量大增，他無法做到對自己的要求，所以每當失敗，他就自責：「我真是太沒用了，連這種水準都無法達到。」而他更沮喪了。

如果星野無法擺脫這些負面情緒，被失敗的經驗左右，即使做的是自己很拿手的工作，也會開始懷疑自己，並且感到不安、焦慮。這些不安與焦慮，會讓星野陷入自我否定，認為所有失敗都是自己的錯，或認定「自己辜負了主管的期待」，因此產生更大的罪惡感（見下頁圖16）。

從星野的例子就能了解，壞思考很容易讓人產生壞的負面情緒，例如：生氣、沮喪、不安、罪惡感等，並嚴重影響一個人的表現。

圖16　被壞思考控制，陷入惡性循環

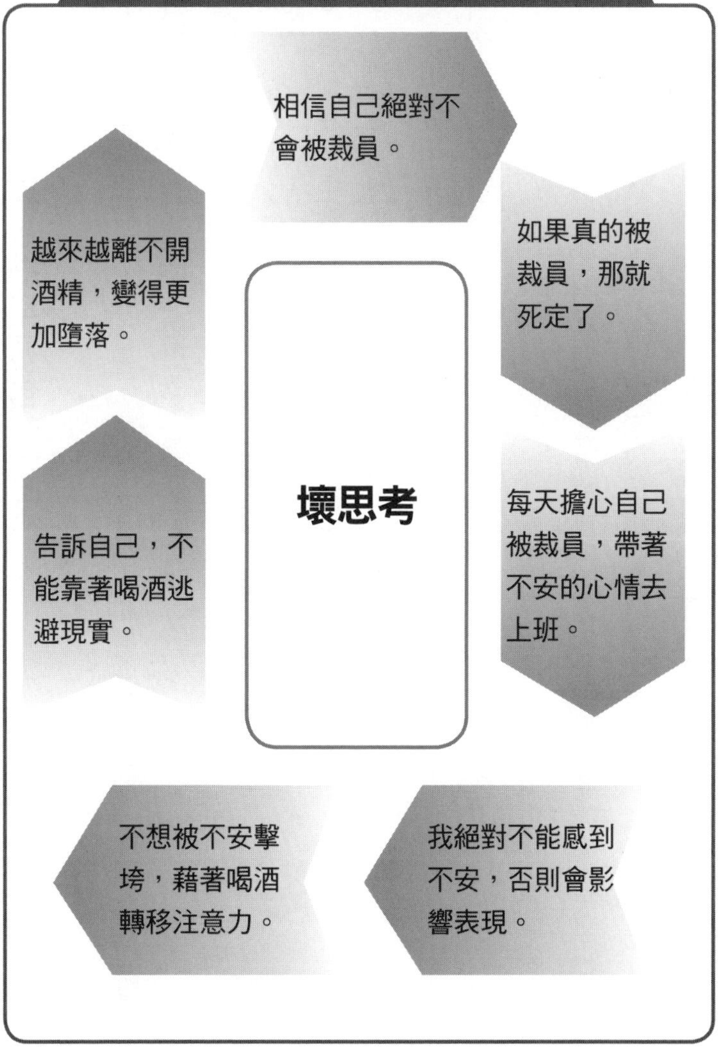
相信自己絕對不會被裁員。
如果真的被裁員，那就死定了。
每天擔心自己被裁員，帶著不安的心情去上班。
我絕對不能感到不安，否則會影響表現。
不想被不安擊垮，藉著喝酒轉移注意力。
告訴自己，不能靠著喝酒逃避現實。
越來越離不開酒精，變得更加墮落。
壞思考

壞思考、壞情緒，結果是自我否定

看到這裡，你應該已充分了解，壞思考容易引起壞的負面情緒，不只如此，壞的負面情緒還會影響人的判斷，做出令人後悔的行為。具體的例子如下：

- 因為生氣，主動攻擊（和對方吵架、出手打人）。
- 感到沮喪，因而自我封閉（把自己關在房裡、不想去上班）。
- 累積太多不安，想要逃避（延遲報告、推拖邀請）。
- 產生強烈罪惡感，最後自我否定（認為自己一定做不到、都是自己的錯）。

以星野為例，他主觀的認為主管是阻礙自己的敵人，把無法完成工作的錯都推到主管身上，甚至默默生主管的氣。要是放任負面情緒擴大，時間一久，很容易就會與主管發生口角、甚至激烈的爭吵。如果星野因為「無法滿足主管的期待」感到沮喪，無法調適自己的情緒，久而久之，星野可能會因為想逃避，動不動就請假，連假日都把自己關在家裡。

再嚴重一點，星野可能因無法承受龐大的壓力，感覺自己被威脅了，每天都覺得很不安，最後為了逃避壓力，選擇辭職。另外，星野或許會因為自己無法在期限內完成工作，覺得自己沒有遵守約定而產生罪惡感，並否定自己，認為自己很沒用。

總而言之，因壞思考引起的負面情緒，很容易讓人做出不良的行為，因此，我稱這些負面情緒為「壞的負面情緒」。

第 2 章

認識四個特徵，
你能擺脫壞情緒

7. 沒根據卻很肯定，就是壞思考

相信看完第一章，你已經能充分理解，什麼是壞的負面情緒。接下來，我要告訴你如何不被壞的負面情緒擺布，辨識自己是否陷入壞思考。

一般來說，**壞思考本身缺乏根據，很難透過經驗證實**。另外，**認定所有結論是「絕對的」**，也是壞思考的特徵。根據我多年觀察的經驗，我整理出壞思考有四個最主要的特徵（見下頁圖17）：

一、不符合邏輯。

二、偏離現實。

三、缺乏實際利益。

四、沒有彈性。

若不想被壓力左右，就必須從這四個特徵著手，分辨自己是否落入壞思考的陷阱，同時要設法改變。

主觀認定，不符合邏輯

經過壞思考想出來的結果，通常無法找到有力的證據驗證，這是因為壞思考是跳躍、不連貫且沒有邏輯。

譬如，「我一定要做到完美無缺！」這句話就是「絕對思考」下的產物。請你用第三

圖17　壞思考的四個特徵

1. 不符合邏輯	結果和原因沒有直接關係，想法跳躍、不連貫且缺乏邏輯。
2. 偏離現實	無法從證據及經驗導出結論，只是自己的過度要求。
3. 缺乏實際利益	反而成為達成目標的阻礙，對結果或個人都沒有益處。
4. 沒有彈性	自以為是，只是固執的堅持自己的想法。

者的角度思考這句話，你越想可能越覺得不對勁，為什麼「一定」要做到完美無缺？當然，每個人都希望能做到完美，但為什麼非得做到「無缺」呢？

實際上，「完美無缺」只是由預期心理衍生的絕對思考，因個人強烈的希望把工作做到完美，就主觀的認定這麼做可以得到主管的肯定、獲得升遷機會或加薪；若失敗了，就會被主管斥責、被同事取笑，甚至被降職。更直接的說，這些好處或壞處都是自己想像出來的，其中缺乏直接的因果關係，不符合邏輯。

當然，預想中的結果還是有可能成真。不過，通常這些想像的結果，發生在現實中的機率都低於五〇％，這是因為，**人一旦開始用主觀判斷事物，很容易將成功畫面過度美化，或將壞的結果無限放大，偏離現實。**

由此可知，人嚴格要求自己做到完美無缺，主要是為了滿足對自己的過度期待。想做到完美無缺本身不是一件壞事，畢竟，在追求完美無缺的過程中，也能從中得到滿足。若順著這個邏輯推演，當「符合期待」的動機越來越強，照理說，做到完美無缺的可能越大。遺憾的是，期待往往與壓力成正比，期待越高，壓力越大，當人因感受巨大的壓力開始苦撐時，很容易用絕對思考要求自己：「我一定要做到」、「我絕對沒問題」。這麼做本來是想激發自己的鬥志，沒想到卻為自己帶來更大的壓力，一旦壓力超過自己能負荷的範圍，就很容易把事情搞砸。

換言之，無論多希望做到完美無缺，都無法透過邏輯歸結出「非完美無缺不可」的理由。從「符合期待」到「非完美無缺不可」，這之間無法用邏輯連結，是完全不相干的東西。所以，「為了符合對自己的期待，一定要做到完美無缺」這種想法是跳躍、不連貫且缺乏邏輯的，當然很難達成（見第八十二頁之圖18）。

我曾經處理過一個案子，對方是一家綜合商社成衣部門的負責人。五十二歲的遠藤個性龜毛、固執，尤其他非常重視規範，他的口頭禪是：「規定就是規定，絕對不能改變。」不過，這種想法就是由絕對思考衍生出來的，因此遠藤承受了極大的壓力。

以下，是我和遠藤的對話：

高杉：「遠藤，為什麼你認為，『規定就是規定，絕對不能改』？」

遠藤：「對一個敬業的工作者來說，這不是最基本的要求嗎？」

高杉：「怎麼說呢？」

遠藤：「如果不遵守規定，組織就會大亂，業務流程也會因此停擺。不只如此，還會造成其他部門的困擾，甚至影響業績。如果大家都能遵守規範，就可以讓組織穩定發展、提升績效。因此，一定要遵守規範。」

高杉：「原來如此。不遵守規定的確會讓組織很難運作。不過，即使如此，也不至於一定要遵守規範？有沒有可能，這種想法只是你個人對自己過度追求完美的要求？」

遠藤：「不，為了組織好，我認為所有人都要遵守規定。」

高杉：「不過，照你說的來看，你的想法好像有點跳躍。因為，即使你能說出再多遵守規定的好處，也只是提供讓所有人願意遵守的誘因而已，不能提出有力的證據，要求大家一定要做到。更直接的說，你這麼做只是為了滿足你對自己的期待。你可以參考過去的經驗，很多時候，即使沒辦法『絕對』遵守規定，卻還是能得到好結果，公司也沒有因此受損。由此可知，規定不是『絕對』不能挑戰的，你說是吧？」

遠藤：「有道理。看來，是我把對自己的期待，當作絕對不能違背的要求了。」

從遠藤的例子來看，相信你已經能了解，**對自己要求越高的人，越容易陷入絕對思考**。此外，前面曾提過的壞思考，實際上都是出自主觀的判斷，例如「結果糟透了」、「我沒辦法接受這個事實」、「絕對不可能是這個結果」等，這些認定都沒有確切的證據，不僅缺乏邏輯，更沒有說服力。

其他像產生「無法忍耐、無法承受」的想法，或出現「指責他人、貶低自己」的反應也是一樣。因為每個人能忍耐的程度不同，這些都是由自己主觀定義的。至於指責別人或否定自己時，也都是靠自己訂的標準決定。因此，即使認定：「這全是主管的錯，都是他百般刁難，我才會失敗。」也沒有充足的理由說明，主管的確在刁難誰或針對誰，這都是受到主觀認定，影響我們的判斷能力。

圖18 檢查想法有沒有邏輯

結論

所以……我「絕對」要讓這個專案成功

結論是跳躍、不連貫的。

就算有充足理由，結論也只是個人的「希望」、或期待，無法變成「自我要求的規定」。

缺乏證據，兩者無直接關係。

因為……

成功的誘人獎勵	失敗的慘痛代價
●會給公司帶來利潤。	●會造成公司的損失。
●自己可以加薪。	●自己會被減薪。
●自己可以升官。	●延誤自己升官的機會。
●可以提高自己的評價。	●會降低自己的評價。
●職場生涯有保障。	●職場生涯結束。
●人生是彩色的。	●人生結束了。

壞的思考不符合邏輯。

偏離現實的過度想像

第二個辨別壞思考的方法是，**檢視這個想法是否能透過經驗證實**。因為，所有從壞思考得到的結論，其實都是自己想出來的，無法用經驗或現實證明。簡單舉例，「我是完美的」這句話就很難用經驗應證。因為實際的狀況是，不論再完美、在所有人面前有如神一般的位的人，都可能犯錯。

你也可以用自己的經驗檢視，那些「總是做好完全準備」、「簡報做得完美無缺」、「所有細節都能兼顧」的人，真的無時無刻都這麼完美嗎？即使你這麼認為，其他人也不見得認同。實際上，無論是誰都無法百分之百的判定對錯，因為，**每個人的標準都不同**。

另外，這種絕對思考很容易讓人失去耐性。例如遇到挫折時，你會聽到有人說「我受夠了」、「這是我的極限了」。有趣的是，這些人在說話的同時，仍正在忍耐。由此可證明，嘴上喊「受不了」的人，只是被個人的主觀價值困住了，換個想法，就會有意想不到的效果。

像這樣以某個特定行為當基準，評價他人的做法，被稱為「過度類化（編按：overgeneralization：將一個特定事件，以某個普遍的基礎定調）」。同理可證，百分之百的絕望或史上最慘的事，因為缺乏公平比較的基準，根本無從判定。所以，當腦中出現「完蛋了」、「一切都毀了」的想法時，你可以試著冷靜一下，過一陣子後你就會明白，這些都只是個人的過度想像而已。

因此，**想要辨別壞思考，不只要拿出確鑿的證據，最好能參考過去的經驗，從中分析現在的想法是否與結論有直接關係**。這麼一來，很容易就能辨識，自己的想法是否合乎邏輯，或只是偏離現實的過度想像。

舉個例子，三十三歲的根元在金融機關擔任營業員。他經常需要與顧客面對面，由於他從來沒做過類似的工作，在第一次與顧客交涉時，遇到了很大的挫折。

根元告訴我：「和對方談話的過程中，他始終板著臉，這下子交涉一定會失敗，我也跟著完了。無論如何，我一定要想辦法扭轉這個結果。」

現在，我就用「是否符合現實」來檢驗根元的話。

先看到「交涉的對象始終板著臉，這下子交涉一定會失敗」，試著找出能證實這句話的證據。根據經驗及現實判斷，雖然對方從開始到結束都板著臉，卻沒有更確切的證據證實，他對這次的交涉不滿意，因此露出不悅的表情，更無法證明這次的交涉會失敗。或許，對方只是很認真在聽根元解說，也可能他天生就長得比較嚴肅。

再來，繼續分析「我也跟著完了」這個結論。其實，很容易看出這句話只是過度的臆測，因為發生的機率實在太低了。你可以想一想，根元認為「我也跟著完了」是什麼狀況？可能主管及同事對他的評價下降、或是根元被降職，甚至被解僱。當然，這些都是可能發生的事，但即使失去工作，根元也不會就這樣完了。

例如，他可以從失敗經驗中學習，然後談成下一個案子，一樣能贏回主管與同事的好評；或因此認清自己不適合這份工作，藉此轉換跑道，在自己擅長的領域發光發熱。

最後，看到「無論如何，我一定要想辦法扭轉這個結果」，這是很典型的跳躍式思考，若透過邏輯推論，交涉成功只是個人的期待，與絕對要完成這件事中間缺乏直接關係，缺乏邏輯（見下頁圖 19）。

像這樣，試著從更多的角度切入，分析自己的想法，你就會發現，**任何危機或突發狀況，都不會讓一個人「完了」，只有被壞思想左右，才會因龐大的壓力倒下去。**

圖19　確認這樣想，符合現實嗎？

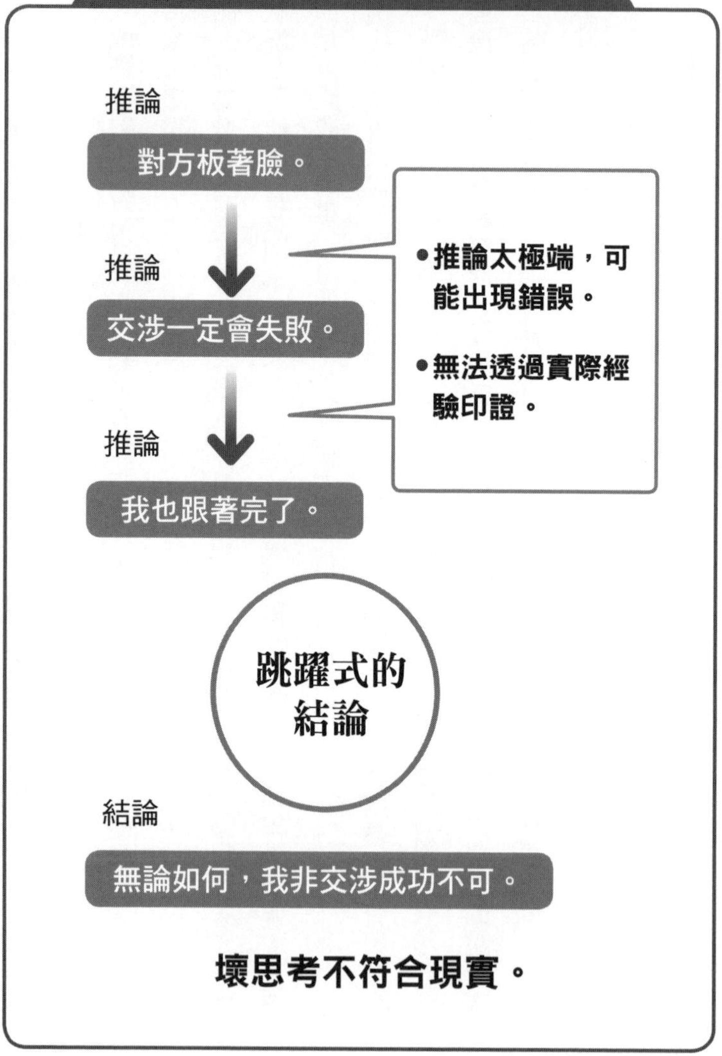
推論
對方板著臉。
推論
交涉一定會失敗。
推論
我也跟著完了。
•推論太極端，可能出現錯誤。
•無法透過實際經驗印證。
跳躍式的結論
結論
無論如何，我非交涉成功不可。
壞思考不符合現實。

這樣想，對你有好處嗎？

壞思考最大的弊端，就是對人毫無幫助。

如果，問一個總用壞思考想事情的人會快樂嗎？我可以肯定的回答：「不會。」

假設自己立志：「無論如何非存到一百萬不可」，後來一直存不到一百萬，這時候就很容易不快樂。即使存到了，我也可能因為擔心：「如果弄丟一百萬怎麼辦？拿去投資，失敗了怎麼辦？」每天過著提心吊膽的生活。從這裡就能說明，抱持絕對思考過生活的人，很難得到快樂。

而且，壞思考很容易讓人失去耐性。通常受到壞思考影響的人，幾乎不想再努力看看，他們很容易因為受不了現狀，最後選擇放棄。因此，即使他們想把事做好，卻經常半途而廢，很難有好的結果。

另一方面，有些人會因為壞思考，出現指責他人、貶低自己的反應，連帶的衍生出更多壞的負面情緒，形成惡性循環。通常，這種人會一味的自責，或把所有錯都推給別人，嚴重一點甚至和對方起衝突，導致身邊沒有任何能支持他的人，更影響自己的工作表現。

另外，總是把「完蛋了」、「死定了」掛在嘴邊的人，因為先入為主的認定一切已無法挽回，自然不會想該如何解決問題，或找出補救方案，最後陷入瓶頸，很難有成長或進步的空間。

由此可知，壞思考帶來的全是不良的影響，**這些影響不但會讓人無法發揮實力，更可能讓人在緊要關頭失常、錯失大好機會**（見下頁圖20）。

因此，一定要小心防範。

話說回來，如果是缺乏邏輯、不實際，但能為團隊帶來助益的思考，有時還是會有好的結果。例如，幼稚園的園長在運動會致詞時說：「因為大家熱情參與，今天才能有這麼好的天氣。」

如果從邏輯與現實來看，這句話沒有邏輯又缺乏依據，根本不需要理會。但因為內容是正向、積極的，能激發參加者的鬥志，讓每個人聽了都很高興。若大家心情都很好，運動會自然能順利進行，這就能讓園長得到希望的結果。

圖20　問自己：這樣想，對我有什麼好處？

絕對思考⋯⋯

最差勁、最糟糕、
無法忍耐、
不可原諒⋯⋯

負面行為

攻擊、自我封閉、逃避、
指責、否定自我⋯⋯

- 很難產生好的結果。
- 對達成目標沒有貢獻。
- 不符合實際利益。

壞的思考不符合實際利益。

想法沒彈性，小心變得狂妄無知

現在我們已經了解，壞思考「沒有邏輯」、「遠離現實」、「缺乏實際利益」。不過，對人影響最大的是，壞思考會導致思考者完全相信自己的想法，不加以驗證，因此欠缺彈性（見下頁圖21）。正是這種特質，讓人的思考出現盲點。

在研究科學時，有一種方法稱為「假說思考法」，這種思考方式需要極大的勇氣和智慧。它的做法是，思考時不要把自己的主張、看法視為最後的答案，換言之，要質疑自己的想法，找證據證實這個主張是正確的。即使得到與自己的主張、看法不同的結果，也要謙虛的承認這個事實。

「假說思考法」與絕對思考剛好完全相反。當人不自覺的被絕對思考左右時，如果出現與自己不同的觀點，不但不會主動去查證，還會主觀的否定與自己不同的意見，堅決認定自己的想法不可能會錯。

有些人可能誤以為，肯定自己的想法，是一種展現自信的表現。實際上，絕對思考與維持自信是不一樣的。就像一般創投企業在決定投資標的時，一定會先去拜訪被投資公司（編按：需要資金的公司，一般是新創事業或未上市上櫃的企業）的社長，作為投資的參考。這時，創投企業一定會趁機了解，社長對自家商品的好壞、服務品質等是否有信心，若他們聽到社長信誓旦旦的說：「我相信可以進行得很順利、我相信這個企劃不會失敗」，通常決定出資的機率會比較高。

因為，這表示社長對自家產品很有信心，會全力以赴，這麼一來公司獲利的機率也會比較高。就像前面提到的幼稚園園長一樣，這位社長說的話是積極、正向的，雖然沒有依據、

圖21　想一想，我的想法有彈性嗎？

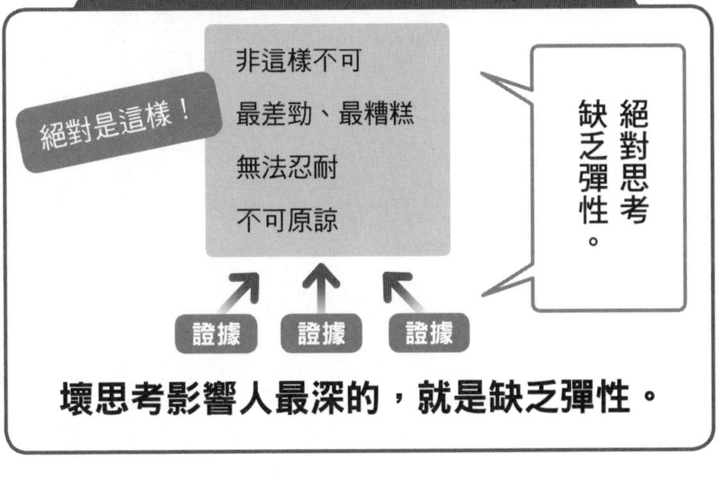
絕對是這樣！
非這樣不可
最差勁、最糟糕
無法忍耐
不可原諒
絕對思考缺乏彈性。
證據
證據
證據
壞思考影響人最深的，就是缺乏彈性。

與現實也有落差，還是能帶來好的結果。

不過，一旦積極、正向過了頭，就有可能樂極生悲。例如，我也見過許多企業最後沒有得到創投公司的青睞，其中最主要的原因，都是社長過度自信。雖然他對自己的公司很有自信，但講到市場或同類型產品時，卻完全不了解，或擺出一副不需要了解的狂妄態度，這種過度自信常讓創投公司最後決定縮手。若想展現自信又不至於給人狂妄無知的印象，就得了解如何選擇思考。

8.「絕對」的思考邏輯哪裡有問題？

為了讓你更熟悉分辨壞思考的技巧，接下來，我以具體的個案解說，並用邏輯、事實、實際利益及彈性這四個標準檢測。

二十六歲的吉田，在醫療儀器製造公司的行銷企劃部工作。但他的工作並不順利，經過了解後，我發現主要的問題在於，吉田認為「我絕對不能做錯事，成為同事的笑柄」，這個想法讓吉田產生很大的壓力，造成他無法專心完成手邊的工作。

想法合乎邏輯嗎？

單純從「我絕對不能做錯事」這句話來看，很清楚能看到主詞就是「我」，這代表「不能做錯事」，實際上只是自己單方面的認定。

當然，不做錯事有很多好處，例如：能得到主管的讚美、增加升遷或加薪的機會、得到同事的好評等。另一方面，做錯事的確會帶來很多麻煩，像是必須收拾善後、會被主管罵、遭受同事的冷眼、被炒魷魚等。

如果可以選擇，多數人當然希望能不犯錯。但這些論點，還是無法直接成為「絕對不能犯錯」的論證，頂多是鼓勵自己「盡量別犯錯」的誘因而已。

也就是說，能不犯錯只是個人的期待。若用「絕對不能犯錯」要求自己，很容易就像吉田一樣，陷入絕對思考的盲點，徒增自己的壓力。

有事實根據嗎？

現在，請你參考過去的經驗及現實狀況，想一想，人真的能完全不犯錯嗎？就我的經驗來說，我從未見過這種人。即使你翻閱偉人傳記，一定能看到那些偉人曾犯過哪些錯。當然，沒有人希望自己犯錯，但「絕對不能犯錯」的要求，實在太嚴苛了，而且完全不符合現實。

能帶來好處嗎？

從吉田無法專心工作的結果來看，絕對思考沒有為吉田帶來任何好處。實際上，從正面積極的態度看「犯錯」這件事，你會發現，做錯事不是壞事，甚至會為你帶來意想不到的好處。例如，從錯誤中記取教訓，下次就能避免犯同樣的錯；或增強危機處理能力，在危急時刻也能順利扭轉情勢。

由此可知，**所有想法都是能自由選擇的**。「絕對、一定」其實是製造情緒的字眼，只要正確使用，的確會帶來好處；但過度使用，很容易釀成災難。就像吉田認為：「我絕對不能做錯事，成為同事的笑柄」，也就是說，吉田無法忍受自己成為同事的笑柄，一旦成真了，吉田就會因為絕對思考產生壞的負面情緒，甚至對同事懷恨在心，或直接與對方爭執，這些行為都很不理智的，對他更沒有任何好處。

思考有彈性嗎？

因為吉田已經主觀的認定「我絕對不能做錯事，成為同事的笑柄」，因此也不會理性的從邏輯、現實、對自己有沒有好處等條件，研究這個想法到底合不合理，由此可知，他的想法缺乏彈性。

總之，若不想被壞思考牽制，就要養成在任何時候，都從「邏輯、現實、利益、彈性」這四個基準反覆檢查，若結果會推翻自己原來的想法，也要虛心的接受，這麼一來，自然能遠離壞思考，提高工作效率。

第 3 章

用「希望」取代「絕對」，自然擁有好思考

9. 人生沒有「絕對」，但別弄丟「希望」

強化心理素質的第三個步驟，就是找出好思考取代壞思考，減少壓力產生的可能。就如同我們在辨識壞思考的步驟中看到的，絕對思考是跳躍式的思考，無論列舉再多優點或缺點加以印證，實際上都只是個人「希望」或「不希望」而已。

那麼，什麼是好思考呢？簡單的說，就是以「符合自己的希望」為目標，不以絕對、一定等強烈的主觀要求逼迫自己，自然能減少壓力發生。例如：

- **最好**能完成。
- **希望**能達到目標。
- **如果可以**做到就好了。

換言之，想擺脫壞思考，只要把「絕對、一定」等帶有強烈意圖的字眼，改成

「希望、最好」等具有彈性的詞，就能迴避壓力。

其中最重要的是，先找出肯定的目標、意圖、價值，同時，將它視為相對的期待，而不是用絕對的要求追趕目標。

如果無法找到肯定的價值，一旦認定的價值遭到否定，很容易被壓力打敗，陷入「無所謂思考」。

尤其，有些要求完美的人，更會以超高的標準要求自己，若其他人對他們說：「不用做這麼多，只要做到這個程度就好。」「及格就好，不用太努力。」對要求完美的人來說，這就是在否定他們的價值觀與目標，即使這些人是擔心他們拚過頭、是善意的提醒，他們也很難接受，甚至會因為壞思考，一時衝動就和對方起衝突。

在這裡，再次以前面介紹過的瀧口為例（詳請參考序章，第二十五頁）。他因為壞思考，產生的絕對思考有：

- 我一定要完成公司指派給我的任務。
- 我絕對不能失敗。

- 我非做出成果不可。
- 我絕不能辜負大家對我的期待。

如果瀧口能用好思考取代壞思考，他該怎麼做呢？很簡單，就是將主觀的強烈要求，轉換成相對的期待（見下頁圖22）就可以了，像這樣：

- 我希望能完成公司指派給我的任務。
- 我希望不會失敗。
- 我最好能做出成果。
- 我不希望辜負大家對我的期待。

告訴自己：「沒有絕對。」

把絕對思考轉化成相對期待後，還有一件很重要的事，就是證明：「沒有非得要這麼做的理由」，在這階段要盡可能找出證據，否定絕對要求。

以五十二歲的竹中為例，他在大型精密機械製造公司上班，是該公司品管部門的副部長。但他最近承受了很大的壓力，因此找我諮詢。對談後我發現，竹中受到壞思考很深的影響。他認為：「我一定要成為部屬認同的好主管。如果部屬不理會我的指示，我就沒資格做主管，我沒辦法接受這種事。」

於是，我帶著他一步一步的，改變自己的想法。我們先從肯定自己的期待、價值開始。換言之，就是用

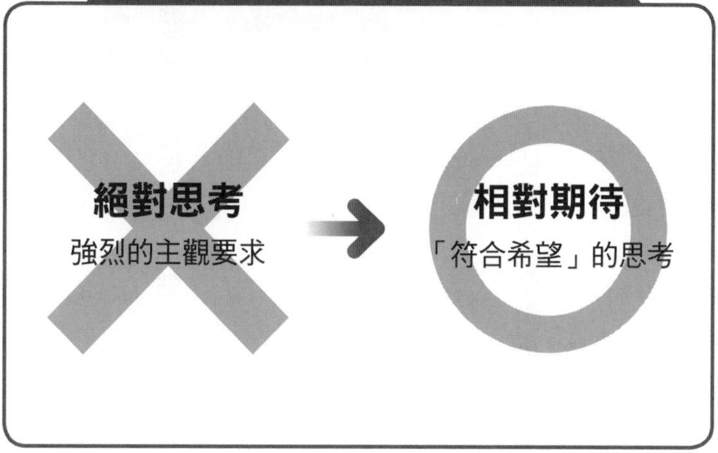
絕對思考
強烈的主觀要求
相對期待
「符合希望」的思考

圖22　好思考，這樣轉換

「肯定自我的價值」和「否定絕對要求」這兩個方法，先將竹中的主觀要求換成相對的期待，於是竹中重新整理了他的想法：

「身為主管，最重要的就是能體恤部屬，所以我希望我能做到這一點。不過，我沒有非這麼做不可的理由。」

另外，竹中又認為：「身為部屬，我一定要盡可能滿足主管的需求。如果做不到，我就沒有資格在這家公司繼續待下去。」用剛才提到的方法，把竹中這種「絕對思考」引起的壞思考，置換成好思考，就會變成：

「身為部屬，我希望能盡可能滿足主管的期待。不過，即使無法完全滿足也無所謂，盡力就好。」

再用瀧口的例子練習一次，就會得到以下的結論：

- 我最好能完成公司給我的任務，但我不用勉強自己一定要做到。
- 我希望不會失敗，不過，即使失敗了也不用太在意，盡力就好。
- 我最好能在期限前做出成果。不過，並不一定要做到完美。
- 我不希望辜負大家對我的期待，但也沒辦法保證一定不讓大家失望。

承認有可能發生壞的結果

目標、價值、意圖等都是啟動好思考不可或缺的要素。剛才，我們已經把這些要素定位為「相對期待」，並否定了絕對要求。接下來，也是最重要的一步，就是接受「相對期待可能會失敗」的事實。

換言之，**就是承認壞的結果可能會發生**。你可以試著從現實的角度去看，例如，雖然現在很努力，還是可能會失敗；即使盡全力去做，還是有可能遇到突發狀況或意外，這些都不是自己能控制的；因為有時候，付出無法得到同等的回報。

我們再次回到竹中的例子。剛才，我已經示範如何將竹中的壞思考，轉化成好思考，接著，就要讓竹中接受，「部屬不理會我的指示」是可能發生的事，就是承認可能會遭遇挫折、不順利的情況。竹中可以試著這樣想：「**就現實來說，還是可能發生意外，這是我無法控制的。**」

另外，竹中強烈的要求自己，必須盡可能滿足主管的要求，他認為：「身為部屬，我一定要盡可能滿足主管的需求。如果做不到，我就沒有資格在這家公司繼續待下去。」假設竹中能承認「自己能力有限，也可能無法做到主管的要求」，並改變想法，透過好的思考，他就可以這樣想：「**身為部屬，我希望能盡可能滿足主管的期待。不過，即使無法完全滿足也無所謂，盡力就好。**」

因為，絕對思考會使人完全否定「挫折、失敗」可能會發生，導致假想結果偏離現實。簡單的說，就是告訴自己「絕對不能發生這種事」，所以主觀的認為「不可能發生這種事」，因而陷入思考的盲點。

10. 接受現實，你得換個角度想

啟動好思考的最後一個步驟，也是預防壓力的關鍵，就是**從現實的角度，評估失敗後該如何善後**。這就像一般企業在投資或執行新企劃之前，一定會做風險評估（編按：風險評估，Risk Assessment，指預先評估風險發生後，對人的生活、生命、財產等各方面造成的影響和損失，並將結果量化）。只要冷靜且實際的分析假想的壞結果，就會發現，這些風險如果處理得當，失敗的機率就能降低。

以瀧口的個案來說，當然，「能完成公司指派的任務，不要失敗」這是最好的結果。不過，即使做不到，也不要以為一切都毀了、人生沒希望了。事實上，不管是工作或人生，都不會因為這種事就結束了。因此，不妨改變想法，告訴自己：「最好能在期限前做出成果」、「最好能達到大家的期待」，縱使結果不如人意，只要你對壞結果做好準備，一樣能安然度過。

如果無法立刻把壞思考轉變成好思考，那就**先用壞思考盡情的想**，你可以預測，在截止日之前要是做不出成果，會發生什麼事？假如結果無法令大家滿意，他們會有什麼反應？一定會有很多批評、可能會被主管罵，搞不好還會影響到年度評鑑，甚至被炒魷魚。

這樣看來，沒完成任務下場的確很慘。不過，假設這些狀況都發生了，真的一切都毀了嗎？這些無法承受的結果，只不過是執行任務時可能存在的風險，當然有可能成真，但如果能事先想出對策，或多加留意，就能降低風險。另外，最好能**事先準備B計畫**。

預測可能發生的壞結果不是壞事，只要能用好思考，有邏輯、實際的準備，甚至能降低失敗率，讓你更成功。

具體來說，如果發現自己的思考過於絕望悲觀，就要啟動好思考，換個角度去想，例如：「雖然不希望失敗，但若是真的失敗了，也不是世界末日，再試一次就行了。」這樣不但讓思考更接近現實，也能減輕自己的壓力。

若察覺自己開始缺乏耐性時，就試著調整思考方向，告訴自己：「雖然不喜歡，但我還能忍耐」，藉以提升自己的耐力。

要是發現自己開始「指責他人、貶低自己」時，記得提醒自己：「再仔細想想，或許還有其他問題」，預防自己被壞思考侷限了（見下頁圖23）。

沉著冷靜，你得先有好思考

用「期待」取代「絕對要求」，即使最後沒有得到期望中的結果，也不會因落差太大而產生壞的負面情緒，讓你更專注在工作上，不被突如其來的狀況影響。

我在工作上認識許多傑出的人，他們無論遇到什麼突發狀況，都能沉著應對，經過我多年的觀察發現，他們一樣會設想所有壞的狀況，但從來不認為這些狀況「絕對不可能發生」，相反的，他們會為這些可能面臨的問題，想出解決的對策。即使遭遇挫折，也不會因為無法接受事實，造成心理上龐大的壓力。

在高壓的工作環境中，如果能做到選擇情緒，將壞思考轉為好思考，就能避開壞的負面思想，自然能選擇情緒，冷靜且精準的執行工作。

圖23　三種接受相對期待的想法

相對期待

一、我希望能把事情做到完美，不過，我不需要勉強自己這麼做。畢竟，誰也無法預知結果，盡力就好。

→ **試著接受自己**

- 接受真實的自己。
- 承認自己的不完美。

二、我不希望被別人批評，但我知道，這種狀況很難避免，畢竟人都會犯錯，不過，我希望自己更小心一點。

→ **學習包容對方**

- 接受對方原本的面貌。
- 別因為與對方的交情深淺，改變你的態度。
- 承認人都不完美。

三、我嚮往舒適的工作環境，但不代表公司一定提供。如果公司能做到，我會很感謝。

→ **嘗試適應現狀**

- 無論喜歡與否，試著接受事物原本的樣貌。
- 對現狀不滿意，但不因此放棄，並嘗試改善。
- 接受既有的問題，才能找出有效的解決方法。

專欄

用「希望」激勵自己，別用「絕對」威脅自己

我在企業輔導員工，或在課堂上經常被問到：「若是把對自己的絕對要求，轉換成相對的期待，難道不會因此喪失鬥志嗎？」但我總用一貫的回答：「不會」。這是我在麥肯錫及其他外商公司工作時，親自求證的答案。

為了讓你更容易理解，我用晉升考試的例子說明。請你比較一下，「我非通過晉升考試不可」和「我希望能通過晉升考試」，哪一個想法會讓人覺得更有鬥志？

多數人會覺得前者態度較積極，可能更容易成功。這是因為「絕對、一定」傳達出強烈的企圖心，似乎只要這樣想，就會為了達成目的、全力以赴。

不過，從另一個角度來看，這種絕對要求其實是在**威脅自己**，而且是負面的激將法，很容易形成壓力。若是說：「我希望能通過晉升考試」，乍聽之下，好像是在說別人的事，很容易被誤以為「不用心」、缺乏「責任感」，但這只是偏見。

菁英會將「可能失敗」考慮進去

你可能看過不少這樣的例子：有些人下定決心，「我絕對非通過晉升考試不可」，的確也為了達成通過考試積極準備，最後卻失敗了。

或許你會覺得很不公平，都已經這麼努力了，為什麼還不會有好結果？不過冷靜下來你就能理解，現實中有許多突發狀況，有時只是一個小細節沒有顧到，就會造成完全不一樣的結果，這都是很正常的現象。因此，多數菁英分子會把這些「正常現象」考慮進去，正是因為這樣，讓他們擁有比一般人更強大的心理素質。

再說回來，即使有人說：「我希望能通過晉升考試」，即使看起來沒那麼在乎這件事，他也可能正在思考，如何盡全力完成它。因此，我認為僅憑「絕對、一定」作為判定一個人努力與否的指標，是不合乎邏輯的。

只是不斷告訴自己：「我絕對要成功」、「我一定不能輸」都只是空虛的口號，你能想到越多可能發生的結果，自然能做到更完善的準備，成功率也會因此大幅提升。

用「希望」取代「一定」，壓力沒了，更能發揮實力

我想你已經很清楚，「絕對要求」帶來的壞思考，就是讓人感受到壓力的主要來源。尤其眼看截止日期即將到了，或察覺這項任務可能會失敗時，那些強烈、主觀的要求往往會變成沉重的壓力，連帶產生不安、焦慮甚至憤怒，讓人無法專注在工作上。很多人就是撐不過這一關，因此不斷失敗，喪失自信。

這些壞的負面情緒，不只會讓人無法完全發揮，若一直深陷在壞的負面情緒中，多數人很容易出現消極的表現。例如：在社會新聞中常看到，有些考生落榜後，把自己關在家裡，甚至因此想不開而選擇自殺。

由此可知，把「絕對要求」轉變成對自己的「希望、期待」，能舒緩緊張的情緒，讓人帶著輕鬆的心情多多嘗試，即使受挫也能快速復原。另外，適當的休息也很重要，在感受到壓力時，只要稍微休息，更能釐清自己的思考，是否過於跳躍或偏離事實，自然能調整前進方向，更能常保工作熱情，無論在任何場合，都能發揮實力。

第 4 章

負面情緒，能啟動好思考

11. 好的負面情緒，促使你積極行動

擁有像菁英般強韌的心理素質，最後一個步驟，就是透過前面提到的好思考，**選擇**「好的負面情緒」，積極行動（見第一一六頁之圖24）。

只要懂得如何啟動好思考，用期待、希望促使自己達成目標，即使處在高壓的狀況，也會自然的**選擇**好的負面情緒。也就是可以**選擇「不高興、悲傷、擔心、內疚」，而非「生氣、沮喪、不安、罪惡感」**。如此一來，你就能冷靜而專業的為各種問題，找出最佳解決方案。

雖然已經知道這一點，但無法避免的，壞思考和壞的負面情緒，一開始還是會在無意中現形。唯一的方法，就是要適時警覺，而且要時常啟動好思考，讓它成為你的第一思考模式。因此，需要更多的練習。只要能隨時啟動好思考，可以在壞思考出現時立刻截斷它，自然就不會被壞的負面情緒控制，還能做出正確、積極的行動。

接下來，我透過具體的個案，說明如何以好思考為基礎，進一步產生好的負面情

緒和行為。

三十一歲的渡邊在地方性的綜合商社上班，他是該公司金屬資源部的業務，一直以來工作都非常認真。因為市場競爭越來越激烈，公司高層對業績的期待也越來越高，因為過高的要求與高度競爭，渡邊感到前所未有的壓力，不自覺的，他就掉入壞思考的陷阱中。

他不斷告訴自己：「我絕對要讓顧客滿意。如果做不到，顧客一定會被其他競爭對手搶走。要是客戶都跑光了，我的人生也會跟著完蛋，我一定不能讓事情發展到這個地步。」

現在，請你想一想，渡邊該如何避開壞思考的控制，戰勝壓力呢？

別把目標當聖旨，盡力就好

若要用好思考取代壞思考，渡邊可以這樣做（括弧內容是我的說明）：

圖24　練出好思考的四個步驟

好思考

將價值、意圖視為
相對期待。

↓

否定「絕對要求」。

↓

承認現實中
可能出現壞結果。

↓

再次肯定自己的價值、意圖，
用好的行為積極解決問題。

● 「我希望能讓顧客滿意。不過，我也知道在現實中，很難完全滿足顧客的需求，儘管如此，我還是會繼續努力。」

（第一步，先肯定自己的意圖和價值；然後，定位為相對期待。接著，否定對自己的絕對要求，並再次確認自己的意圖和價值。）

● 「無論是什麼樣的顧客，都很難完全滿足他們的要求。顧客可能因為各種我們想不到的理由，投入競爭對手的懷抱。」

（第二步，承認現實中有可能會有不好的結果。換言之，就是讓預想的結果盡可能的貼近現實。）

● 「假設我無法完全讓顧客滿意，因此失去顧客，我想我會很沮喪。這個結果，也可能是因為我的不足造成的。但是，這是很正常的現象。即使真的發生了，這世界也不會因此有什麼改變，我的人生也不會就此完蛋；就算被炒魷魚，我也不會因此變得一無是處。」

（第三步，啟動好思考，發現沮喪是壞的負面情緒，因此選擇好的負面情緒：「悲傷」，並承認壞的結果的確是因為自己的不足，以此為警惕，但提醒自己這個事實不是最糟糕的結果。）

● 「無論如何，讓顧客滿意還是最重要的事。所以要盡可能的傾聽顧客的心聲，提升顧客滿意度。」

（最後，再次肯定自己的意圖、價值，並將它視為相對期待，用好的行為**積極解決問題**。）

渡邊透過好思考，避免壞思考引起壞的負面情緒及可能出現的不良行為，這能強化他的心理素質，進而戰勝壓力，增加成功的機會（見下頁圖25）。

圖25　有希望的努力，給你沒壓力的環境

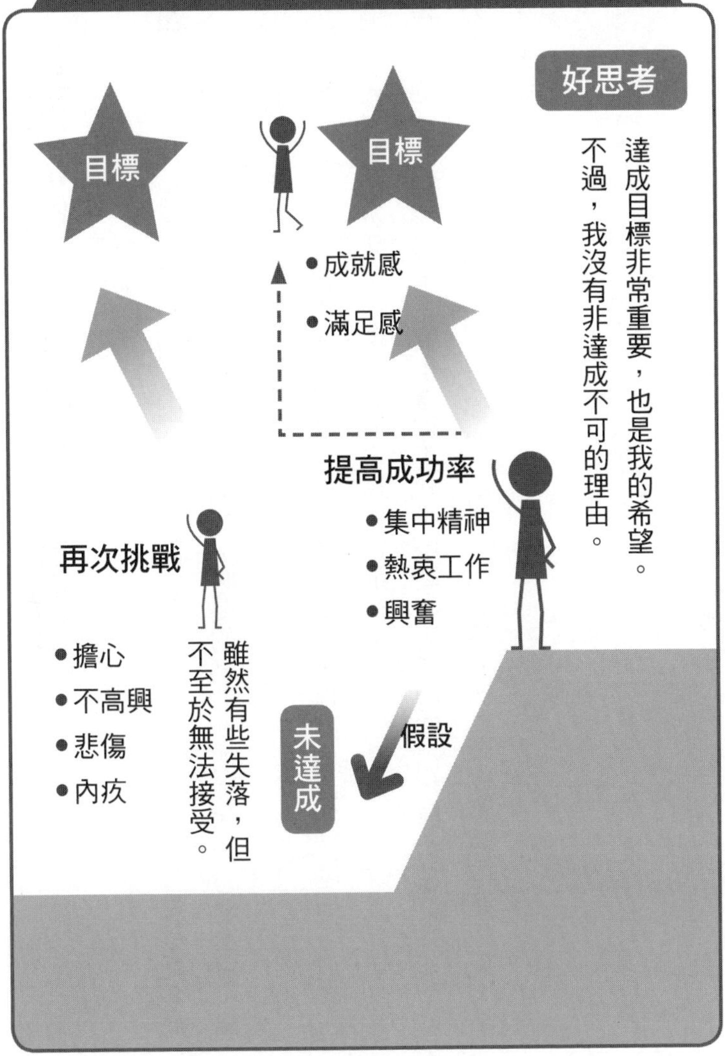
好思考
達成目標非常重要，也是我的希望。
不過，我沒有非達成不可的理由。
目標
目標
●成就感
●滿足感
提高成功率
●集中精神
●熱衷工作
●興奮
再次挑戰
●擔心
●不高興
●悲傷
●內疚
雖然有些失落，但
不至於無法接受。
未達成
假設

12. 負面情緒不用迴避，要選擇

實際上，工作難免會有壓力，因此，沒必要再讓壞的思考，為自己製造更多壓力。只要能將壞思考轉化成好思考，就能減輕不必要的壓力，加強你的心理素質，讓你專注在工作上，做出更亮眼的表現。

由此可知，將壞思考轉化為好思考，就能降低壓力，提高自己的抗壓性。但我也提到過，只要遇到突發狀況，壞思考很容易就會跑出來，所以得養成隨時保有好思考的習慣，才能隨時戰勝壓力。為了讓你更熟悉啟動好思考的四個步驟，在第二部中，我會列舉工作中常遇到的狀況，以個案的方式模擬並說明，讓你輕鬆內建好思考的DNA，養成強韌的心理素質。

專欄

目標管理、典範轉移行不通，因為……

泡沫經濟崩壞後，等於宣布經濟榮景已成為過去。自九〇年代起，很多企業紛紛引進在歐美成果主義下，形成的薪資系統和人事制度。例如，讓每個員工各自設定目標，然後根據目標達成的程度來評估員工價值，這就是「目標管理」，是成果主義最常見的機制。

因為不景氣，加上市場競爭激烈，許多企業為了激勵員工士氣，提升組織的競爭力，紛紛採行結果主義。不過，這看似鼓勵員工主動、積極的投入工作，實際的狀況卻是，組織為了求表現，不考慮實際狀況，不斷將目標訂得更高，所以員工一直無法達成目標。想當然耳，員工的薪水更不可能有任何成長。

結果，結果主義沒有提升員工的工作熱情和組織的競爭力，反而成為累垮員工的肇因。例如：

「原本效率很高的員工，被達成目標的壓力擊潰。」

「本來可以輕鬆達成的任務，因為不斷的挫敗失去信心，所以不敢開始。」

「每個人只顧著完成自己的目標，導致組織內部工作氣氛惡劣，同事之間也不相往來。」

「害怕失敗，因此遇到挑戰寧可選擇退縮。」

「主管把很難的工作推給部屬，等部屬完成後又爭搶功勞。」

不只如此，還造成組織內部出現各種問題，例如人事問題、主管與部屬的對立等。換言之，像這樣只重視結果、在意績效，讓員工之間為了邀功、做出好表現，不擇手段，不但沒有激勵士氣，反而更掀起一場惡性競爭。

沉著力，才是致勝關鍵

後來，許多企業為了解決這個問題，又引進「職能系統（competency）」。「職能系統」是一種以個人能力為基礎的管理模式，主要是找出組織內部的傑出成員，確認他們是因為哪些能力或行動，讓他們在工作上有卓越的表現，以進一步協助組織或個人提升工作效率。

簡單的說，就是讓組織內部的其他人，模仿優秀員工的行為，希望能提升業績。

但是，將職能管理運用到現實中，卻沒有這麼順利，例如會產生以下這些問題：

「到底什麼樣的思考和行為，才能做出和他一樣的結果？」

「如果找出特定的思考及行為，其他職員就能學習嗎？」

「即使學會了，能實際運用到工作上嗎？」

「如果沒有表現特別出色的員工，該怎麼辦？」

事實上，根據慶應義塾大學商學院的高木晴教授做的問卷調查顯示，因導入「職能系統」提升業績的企業，幾乎是零。

「目標管理」與後來的「職能系統」，這兩者都是結果主義下的產物，雖然企業引進這兩種制度的出發點是好的，卻都無法有效改善組織的問題。實際上，**比起設定遠大的目標，抑或是模仿組織內部某人的思考或行為，我認為真正有效的解決方法，其實是員工本身是否具有強韌的心理素質，而這也是我在麥肯錫觀察到的現象。**

因為許多的職場新鮮人，或換新工作環境的上班族，即使已經累積不少資歷，卻因害怕失敗、對挑戰心生恐懼，與機會擦身而過，這是很可惜的事。但只要有強韌的心智，即使面對再大的壓力，也能沉著應對，並從挫折與錯誤中累積經驗，將失敗轉化為成長的動力。

因此，我認為在不確定的時代，不論是個人或組織，都該優先學習強化心理素質的技巧，這就是成為菁英的關鍵條件。

第二部

從案例學習，情緒處理有方法

第 5 章

生氣自己？火大別人？其實，你該選擇不高興

狀況 1. 當著大家的面，被主管罵……

組織裡一定存在著階級關係，這能方便管理，增加執行效率，不過，往往也為組織帶來困擾，例如主管與部屬的對立。

在工作上，主管必須為部屬的行為及結果負責。因此，當部屬發生失誤或犯錯，主管有責任提醒或糾正部屬的行為。

但一不留神，好意的提醒很可能會讓部屬覺得，主管是在針對或故意刁難自己。

話說回來，沒有人想要犯錯，遭遇失敗時，人多半會覺得沮喪、失望，尤其是用「絕對要求」逼自己達成目標的人，一旦結果與期待出現強烈落差，很容易會被壞思考影響，所有壞的負面情緒都會被放大。

這時，如果再被主管教訓一頓，就很容易出現不良的行為，像是選擇逃避、生悶氣，或是直接與主管發生衝突。

接下來，我要透過中村的例子，告訴你如何在工作上保持冷靜、不發脾氣的方法。

三十二歲的中村在大型精密機械製造公司上班，他因為工作上的失誤，被主管當著眾人的面前大罵一頓，這讓他覺得非常丟臉，因此對他的主管發脾氣。

氣自己粗心，當眾被罵更火大

中村的主管澀谷站在他的座位旁，看起來很生氣，中村也板著臉、不發一語。

澀谷（其他同事都在，澀谷大聲的說）：「中村，你做的報告裡面出了一堆錯，有些還是很基本的計算錯誤，害我在向高層報告時丟臉。今天下班前，你一定要改好放在我桌上，知道嗎？你已經不是新人了，怎麼還犯這種錯……。」

中村：「真的非常抱歉，我馬上修改。」

（澀谷課長轉身離開。這時，坐在中村隔壁的同事過來關心他。）

半田：「發生什麼事？」

中村（看著被主管退回的報告，自責的說）：「真不敢相信，我居然犯這麼愚蠢的錯誤。」

半田：「是人都會犯錯，別放在心上。」

中村（被壞的負面情緒影響，對自己發脾氣）：「我又不是剛來一兩天而已，怎麼能犯這種錯。我真蠢、太粗心了……。」

半田：「沒事啦，你就不要太自責了。」

（半田回到自己的座位上。）

中村（開始出現指責他人的不良行為，心想）：「不過，澀谷課長也太過分了，他可以私下找我談，不需要在大家面前讓我難堪。他平常老是針對我，今天也是故意找碴，像他這種人根本不適合當課長，氣死我了！」

從以上對話可以發現，中村除了氣自己粗心之外，更氣主管當著大家的面罵他，甚至覺得主管在針對他。這種想法不但無法幫他解決問題，還會讓他與主管的關係惡化，造成惡性循環。

接下來，我們先找出中村為什麼會產生壞思考，再來想辦法讓中村成功將壞思考轉化成好思考，順利解決他的問題。

哪裡有問題

發洩情緒，卻引火上身

高杉：「中村，你現在還好嗎？」

中村：「沒什麼好不好，課長會生氣也是沒辦法的事。」

高杉：「但我覺得你好像很生氣，你在氣什麼？」

中村：「我氣自己連那麼簡單的事也能做錯，也氣課長在同事面前罵我。」

高杉：「所以，你因為生自己的氣，就認定自己愚蠢、粗心？」

中村：「對，我覺得自己真的很蠢。」

高杉：「中村，我現在覺得自己很像一隻青蛙。你看。」

（高杉像隻青蛙般，在地板上跳。）

中村：「老師，您在做什麼？」

高杉：「因為我覺得我是一隻青蛙，所以我現在是一隻青蛙。」

中村：「別鬧了，老師不可能是青蛙……，啊！我知道您的意思了。您是想告訴我，**感覺和現實是不同的**。」

高杉：「沒錯。你雖然犯了錯，但光憑這一點就下結論，認定自己『沒有價值』，這種想法太跳躍了，毫無邏輯可言。而且，你覺得自己『愚蠢、粗心』，這就是典型的『指責他人，貶低自己』的行為。換言之，你已經被壞思考控制，所以你會覺得生氣、憤怒，這些壞的負面情緒，對解決問題一點幫助都沒有。」

中村：「原來如此，看來，我是真的愚蠢至極，連自己的情緒都無法管理。」

❗「連這種事都做錯」，讓自己壓力好大

高杉：「沒關係，我們先來找出你生氣的原因，就能知道該怎麼解決問題。說說看，你為什麼生自己的氣？」

中村：「我覺得課長說得沒錯，我已經工作這麼久了，還犯這種錯，真是連新人

都不如。」

高杉：「因為你認為，自己應該有一定的專業水準，卻在那麼基本的地方出錯，所以才會這麼生氣？」

中村：「是的。」

高杉：「更簡單的說，**你在無形中對自己做了『絕對要求』，認定自己『絕對不能犯這麼基本的錯』，沒想到還是做錯了，這和你的期待造成相當大的落差，因此你才會無法接受這個結果**。但你可能不知道，這就像開車時，如果同時踩下油門和煞車，很容易翻車，非常危險。」

中村：「好像是這樣……。」

高杉：「事實上，你會這麼生氣，全是因為被『絕對思考』控制了。這是一種壞思考，很容易引起壞的負面情緒，導致不良的後果。」

中村：「絕對思考？」

高杉：「是的。雖然你不是故意這麼做，但壞思考很容易誘發壞的負面情緒，例如：生氣、罪惡感、沮喪等。以你為例，這次也是因為你認為自己絕對不能犯這種錯，一旦犯錯，你就會覺得自己『做了不能做的事』，感到前所未有的罪惡感。」

中村：「所以，『絕對不能犯錯』是不好的想法？」

高杉：「沒錯。因為這種壞思考會讓你認為：『我至少有一定的專業水準，絕對不能在這麼基本的地方出錯，若是真的錯了，那我一定是大白癡。』使你對自己產生過度的期待。如此一來，遭遇挫折時，衍生的壞情緒也會加倍，很難冷靜且專業的將解決問題。」

❗主管針對我！是你對主管期待太高了

中村：「那麼，我會生澀谷課長的氣，也是同樣的原因嗎？」

高杉：「沒錯，這是一樣的思考模式。」

中村：「也是因為『絕對思考』？」

高杉：「你認為，讓你對澀谷課長產生不滿的真正原因是什麼？」

中村：「可能是，我認為『主管不該在公開場合罵部屬』……。」

高杉：「你說得沒錯。因為你下意識被絕對要求控制，認為主管絕對不能在公開場合罵部屬，所以主管也變成你宣洩情緒的對象。」

中村：「原來如此。因為**我認為這是主管該做的事**，所以當他沒做到時，我才會這麼生氣。」

高杉：「是的，其他還有認為：『身為主管，非照顧部屬不可』、『主管就該了解部屬的心情』等，都是從絕對思考衍生出來的偏差思想。換句話說，就是用了不合乎現實的標準要求主管。」

中村：「您說對了，我好像無意中對主管期待過高了。」

高杉：「你會生主管的氣，這就是一種壞的負面情緒，所以，你會在心裡批評主管，認為他『根本沒資格當主管』。如果放任壞的負面情緒擴大，你可能會對主管惡言相向，或做出更激烈的反應。」

中村：「我沒想到會這麼嚴重。如果真的和主管發生衝突，也會影響到自己的評價，那就得不償失了。」

高杉：「是的。生氣這種負面情緒很容易激發負面的行為。另外，要格外注意『不安、沮喪、罪惡感、傷心、嫉妒』等情緒，別被這些壞的負面情緒左右，影響你的專業。」

你可以這麼做

你不完美，主管也是

中村：「謝謝您幫我分析，我已經澈底了解自己生氣的原因。不過，我該怎麼做才能選擇情緒，用好思考取代壞思考呢？」

高杉：「首先，要接受現實：即使是澀谷課長或你自己，都是不完美的人。」

中村：「這句話是什麼意思？」

高杉：「只要是人都會犯錯、失敗，所以，希望你把這件事當成正常的現象。」

中村：「我當然知道，但有些錯誤是不應該被原諒的。」

高杉：「小心，別再被絕對思考綁架了。你可能會覺得，把這件事當成正常現象，好像自己就變成不在乎，很輕浮、一點都不專業。不過，這完全是兩件事。你只要記得，**別事先批評**，只要理解：『是人，都可能犯錯』。」

中村：「如果是這樣，我好像能做到。我知道我是不完美的人，也能理解只要是人，都可能犯錯。」

高杉：「沒錯，就是這樣。不過，還要提醒你一點，**別把一個人的價值和他的行為混為一談**，也就是說，要對事不對人，才不會做出偏離事實的判斷。」

❗生氣招來壞結果，但你可以不高興

高杉：「現在你已經懂得，別做任何評價；還要理解『是人，就可能犯錯』。接下來，就是要選擇情緒，用不高興取代生氣。」

中村：「選擇情緒……生氣和不高興不是一樣嗎？而且，情緒怎麼可能任憑自己選擇？我平常連點菜都要猶豫半天了，更別提選擇情緒了。」

高杉：「如果想培養強大的心理素質，選擇情緒是非常關鍵的技術。另外，『生氣』和『不高興』的確都是負面情緒。但這兩者還是有差別的，因為『生氣』是壞的負面情緒，『不高興』卻是好的負面情緒。」

中村：「**負面情緒也有分好壞？**」

高杉：「是的。像你因為對主管和自己生氣，因此在心裡批評主管，並貶低自己。這都是因為壞的負面情緒產生的不良反應。相反的，若**將生氣轉化為『不高興』，就會多出許多緩衝空間**，你可能會試著去找主管談，或是找人聊一聊，發洩你的情緒，讓你盡快回到正常的狀態，加快解決問題的速度。」

換個念頭，壓力就變小了？

中村：「但是，要**選擇情緒**真的很難。」

高杉：「要改變既有的情緒的確不簡單。所以，最好的方法就是**改變思考**。」

中村：「是要避免『絕對思考』嗎？」

高杉：「是的。因為你認為『自己不該犯這麼基本的錯』、『主管不該在公開場合罵部屬』，造成期待與現實產生高度落差，因此無法接受『犯錯』、『被罵』的結果，才會對自己和主管生氣。」

中村：「原來如此。那麼，我該怎麼做才能改變自己的思考呢？難道，要我對任何錯誤都睜一隻眼閉一隻眼，覺得無所謂嗎？」

高杉：「當然不是，像這樣突然改變自己的價值觀非常危險，可能會讓你連帶的否定自己的價值、目標，變得不知所措。而且，一個人態度也不是說改就能立刻改的。」

中村：「說的也是。那我該怎麼做？」

高杉：「很簡單，把只要把原來對自己的『絕對要求』，改成以『相對期待』追求自己肯定的價值、意圖就行了。」

中村：「相對期待？」

高杉：「是的。就是更坦然的接受現實與不完美的自己，例如這樣想：我希望自己不要犯錯，我也會努完成目標。當然，我也可能會失敗，只要盡力就好，不需要太勉強。」

中村：「只要這麼想，既不會對自己過度期待，因此產生龐大的壓力，也能盡力追求自己的目標，肯定自己的價值。」

高杉：「是的，簡單的說，就是別去想：『自己沒有任何理由犯錯』。但也不是代表『犯錯沒關係』，只是避免把自己逼得太緊，造成心理承受過度的壓力，最後出現不良的情緒及反應。」

中村：「不過，能不犯錯是最好的。」

高杉：「沒錯。只是**不需要強調『絕對不能』犯錯**。你當然可以期待自己降低失誤率，但一定要記得：人都可能犯錯。縱使不犯錯的優點和犯錯帶來的影響都是事實，但這些也只能作為期待自己不犯錯的誘因，不能作為『絕對不能犯錯』的理由。因為，這麼做毫無邏輯，更偏離事實了。換句話說，絕對思考不過是強烈的個人主觀認定而已。」

中村：「所以，『絕對思考』其實只是一種自以為是？」

高杉：「也可以這麼說。相反的，如果是以『希望、期待』促使自己追求目標，即使最後的結果不如自己預期，也不會因為期待與現實落差太大，以至於無法接受事實，被壓力拖垮而出現極端的行為。」

中村：「我懂了，就是把『絕對、一定』的要求改成對自己的『希望、期待』，如果只是這樣，我想我可以做得到。」

正確示範

省下處理情緒的精神，更能把事做好

澀谷（其他同事都在，澀谷大聲的說）：「中村，你做的報告裡面出了一堆錯，有些還是很基本的計算錯誤，害我在向高層報告時丟臉。今天下班前，你務必改好放在我桌上。知道嗎？你已經不是新人了，怎麼還犯這種錯……。」

中村：「真的非常抱歉，我馬上修改。」

（澀谷課長轉身離開。這時，坐在中村隔壁的同事過來關心他。）

半田：「發生什麼事？」

中村（看著被主管退回的報告，自責的說）：「真不敢相信，我居然犯這麼愚蠢的錯誤。難怪課長這麼生氣，還害他在上級面前丟臉。」

半田：「是人都會犯錯，別放在心上。」

中村：「不過，真的是我太粗心才會錯。我必須承認，是我忘了檢查。（中村心想：我也不想犯錯，不過，人都會犯錯，這次錯了不代表我是一無是處的人，下次要更仔細的檢查。可能是因為最近睡眠不足，或許該重新調整生活作息了。）」

半田：「沒事啦，你就不要太自責了。」

（半田回到自己的座位上。）

中村（中村心想）：「但是，在同事面前被罵真的很不是滋味。算了，澀谷課長也是人，或許他現在很後悔一時沒控制好情緒，在大家面前罵了我。總之先把錯誤的地方改好，盡快把報告交給課長吧。」

重點整理

別說「絕對」，「希望」才能換來好結果

因為懂得如何改變思考，中村已經能選擇情緒，不再被壞思考影響了。

中村是這樣做的：首先，承認自己犯的錯。然後，站在主管的立場，找出主管生氣的原因，告訴自己：「主管也是人，也有脾氣。」試著理解主管的心情。因為中村冷靜且理性的分析眼前的狀況，才不會被主管的情緒左右，更有助於解決問題。

接著，中村也成功避開了「指責他人，貶低自己」的思考，選擇更實際的想法，就像他說的：「我也不想犯錯，不過，人都會犯錯，這次錯了不代表我就是一無是處的人，下次要更仔細的檢查。」因此，中村就不會立刻發脾氣，頂多因為被罵和犯錯有些**「不高興」。這讓他能客觀的找出自己犯錯的原因**，發現是因為「最近睡眠不足」、「粗心」，並想出改善的辦法，這就是好的負面情緒帶來的積極行為。

此外，中村對主管的責備也透過好的思考，改變原本的想法，他認為：「或許他

現在很後悔一時沒控制好情緒，在大家面前罵了我。」因此，能體諒主管的心情。

由此可知，中村能選擇好的負面情緒及採取積極行為，是因為他摒除了「絕對思考」，並提醒自己：「最好不要犯錯」、「最好不要被罵」，用「希望、期待」肯定自己的價值。

狀況2. 優秀的部屬突然要辭職……

很多以前標榜要照顧員工一輩子的企業，現在為了維持公司的正常營運，逐漸縮減人力。他們開始引進優退制度（編按：以優惠退休的方式吸引資深員工離職），沒想到，提早退休的人竟然比預期的還多，甚至出現企業為了籌措員工退休金四處奔走，許多優秀員工也為了明哲保身，紛紛選擇提早退休。

姑且不論公司有沒有優退制度，優秀又有強烈企圖心的員工創業、轉換跑道的狀況從以前就存在。這些人的想法其實沒有錯，但如果這些人是你的部屬，身為主管的你，可能就很難保持平常心了。要是他要決定離開前，又沒有事先通知你，你一定會覺得心裡不舒服，甚至大發雷霆。

就像四十八歲的藤井，他是大型電子機械製造公司研發部的主管。藤井是個很有原則的人，平日也很照顧部屬，他自認與部屬相處得很融洽，但沒想到……。

部屬說：「我只做到月底」，你怎麼反應？

藤井的部屬三宅來到他的辦公室。三宅好像有重要的事要告訴藤井，不過，似乎並不是什麼好事。

三宅：「真的非常抱歉，我決定做到這個月底。在公司的這段期間，非常謝謝您的照顧。」

藤井（因為事出突然，感到很焦慮）：「你怎麼沒先跟我商量，就突然決定辭職？我絕不答應。簡直是莫名其妙，我平常對你這麼好，你居然這樣背叛我！」

三宅：「我很感謝您平常對我這麼照顧，但沒想到您會這麼想，真的很遺憾。」

藤井（被壞的負面情緒控制，無法克制自己的行為）：「虧我還特別照顧你，你怎麼可以連這一點都忘了，你還有良心嗎？」

三宅：「我很抱歉讓您這麼不愉快，但我也有自己的生涯規畫……。」

藤井：「你這個自私的傢伙！」

三宅（一臉悲傷）：「不好意思，我得到人事課一趟，先走了。」

（離開藤井的辦公室。）

藤井（抱頭自言自語）：「混蛋，這種人遲早會混不下去！我也太粗心了，我竟然完全沒有發現他想辭職。公司也是，竟然把管理這麼多研究員的工作都推給我一個人，這下子重要的專案都要被影響了。」

哪裡有問題

「忘恩負義！」其實，沒這回事

高杉：「優秀的部屬突然辭職，你好像非常生氣？」

藤井：「當然，老實說我真的非常火大。」

高杉：「是喔。你為什麼會對這個部屬發這麼大的脾氣？」

藤井：「那是當然的啊。他完全沒有和我討論過，突然就遞出辭呈。想當初他剛進公司時，我那麼照顧他，他竟然忘了我對他的好。只想到個人規畫，未免也太自私了。」

高杉：「但我想，你也不想發這麼大的脾氣吧？」

藤井：「廢話，但我就是很難控制自己的情緒，我也很想忍住，但是……這種事很難讓人冷靜處理。」

高杉：「是嗎？但我前幾天也聽到類似的事件，對方和你一樣是主管，他卻冷靜的把這件事順利解決了。」

藤井：「或許，我們個性不同吧。」

高杉：「的確，也有這個可能，不過，你認為個性是什麼？」

藤井：「個性？我也不太清楚。」

高杉：「個性就是一個人的思考、情緒、行為模式，相互影響呈現出來的結果。所以即使在相同的狀況下，因為思考不同，那位主管能冷靜處理問題，你卻因此而『生氣』。如果情緒是無法選擇的，在相同狀況下，每個人的反應都會是一樣的，呈現出來的情緒應該也是一樣的。」

藤井：「您的意思是，我的思考有問題？」

高杉：「面對部屬離職，你的第一個反應就是認為自己被背叛了。覺得自己從他進公司以來，對他特別照顧，他竟然忘恩負義，只想到個人的生涯規畫，這種行為既任性又自私，還讓你的顏面掃地，對吧？」

藤井：「這是事實。」

高杉：「是的。這是你理解的事實。但是，這些事實為什麼會讓你生氣呢？」

藤井：「這還用問，因為他做的事全都是不合理、不能被原諒的事啊。」

高杉：「你說到重點了，這些不合理、不能被原諒的理由，實際上都是你**主觀的判斷**。也就是說，你被自己的思考誘導，才會感到憤怒。」

藤井：「也就是我先入為主認定『他做了不能做的事』？」

高杉：「沒錯，因為你主觀的認定『從他進公司以來，我非常照顧他，他不該忘了我對他的付出』、『他不能以個人的生涯規畫為優先，沒事先找我商量就遞辭呈』……。換個角度想，如果你把這些事當成『有可能發生的事』，你就會有心理準備，也能更冷靜的處理這件事。」

藤井：「就邏輯來說，的確是如此。」

高杉：「其實，你只是被『絕對思考』影響了。」

❗因為無法接受事實，才下意識去攻擊對方

藤井：「仔細想想，一直以來，我的確都告訴自己『我非得……不可』，藉此激勵

自己堅持下去。」

高杉：「很多上班族都會這樣做，尤其是對自己要求很高的人，很容易一不小心就陷入『絕對思考』的陷阱。實際上，多數人會誤把絕對思考，當作維持熱情、幹勁的唯一方法。」

藤井：「這有什麼不對嗎？我常告訴自己『一定要做到』，就算遇到再難的任務，只要聽到這句話，即使咬牙硬撐，我也能把它做完。」

高杉：「某種程度或許可以這樣說。但是，一旦用絕對思考要求自己，就是變相告訴自己『你無路可退了』，這樣會造成很大的心理壓力，如果長時間背負這些壓力，就會出現許多壞的負面情緒，最後被壓力擊倒，就再也爬不起來了。」

藤井：「有這麼嚴重嗎？」

高杉：「就以你為例吧，這次你會出現這種反應，也是受到壞的負面情緒影響，才會對你的部屬這麼生氣。」

藤井：「難道，他做的事沒有錯嗎？我為什麼不能生氣？」

高杉：「先不管他的做法是否正確，但你在那個當下，是可以不用生氣的。因為你主觀的認定他『絕對不能離職』，當他告訴你要離開時，你才會受到這麼大的打擊。對你而言，就是『絕對不可能的事發生了』，因此，你無法迴避壞的負面情緒，毫無選擇的把情緒宣洩出來。」

藤井：「我好像懂您的意思了，從經驗上判斷，即使你對一個人再好，他也可能因為任何原因離開，這是很正常的事。」

高杉：「沒錯，但因為你一開始認為這是『不可能的事』，所以一聽到他要離職，你就大發脾氣，說穿了，是你讓自己的認知偏離現實，才會無法接受事實。」

藤井：「莫非，這就是我生氣的主因？」

高杉：「完全正確。因為你的思考偏離事實，當事實與預期差距太大，加上你對自己的絕對要求，讓你被龐大的壓力擊垮，來不及選擇情緒，反而被壞的負面情緒左右。」

藤井：「所以我發脾氣，狠狠罵了他一頓。」

高杉：「是的。正因你把狀況看成最糟的結果，於是把錯怪在部屬身上，甚至直接攻擊對方，罵他『忘恩負義』。這麼做不但無法改善狀況，反而傷害了你們之間的關係，把狀況變得更棘手了。」

❗ 不但自責，還怪公司

藤井：「是啊，你說得沒錯。」

高杉：「**生氣很容易導致攻擊、衝突，因此是壞的負面情緒**。你不只兇了他，還在部屬背後詛咒他對吧？」

藤井：「嗯，我詛咒他在業界混不下去……。」

高杉：「你想一想，這麼做對你有什麼好處嗎？即使你到處向朋友說這個部屬的不是，不但無法留住他，還會害你自己的風評變差，給人『愛說閒話』的壞印象。」

藤井：「確實如此。」

高杉：「而且你不只對三宅發脾氣，還氣自己沒有提前發現他的想法，因為，你認為：『身為主管，就該掌握部屬的一切狀況』，這也是一種絕對思考。」

藤井：「是啊，我還因此對公司不滿，仔細想想，我的確是**因為無法接受事實，後來完全失控的到怪罪別人**。」

高杉：「完全正確。」

你可以這麼做

揪出讓你失控的燃點——絕對思考

藤井：「我已經明白壞思考的可怕了，接下來應該怎麼做呢？我已經很努力控制情緒了，但就是做不到。而且，刻意壓抑反而不好，等到忍無可忍時一次爆發，狀況反而更失控吧？」

高杉：「其實，**你不需要刻意壓抑自己，或想控制情緒，只要懂得如何選擇就好**。現在，你已經充分了解絕對思考會引起壞的負面情緒，接下來，你只要理性的分析自己的思考，留心別陷入壞思考的盲點，就能選擇情緒，冷靜處理問題。」

藤井：「我該怎麼做？」

高杉：「首先，從有沒有邏輯開始分析。從邏輯來看，絕對思考是不連貫、跳躍的。雖然，我們期待事物都能符合我們的期待，事實上卻沒有絕對要符合期待的理由。例如：即使恩將仇報是不好的、多數人不喜歡的行為，或知恩圖報會受到多數人的肯定、讚美，但這些都只是相對的標準，無法作為判斷對錯的依據。」

藤井：「這樣我就懂了，絕對思考在邏輯上是跳躍的，很容易出現錯誤的判斷。」

高杉：「是的，你也可以再進一步，從是否符合實際利益檢驗。也就是想一想，用絕對要求逼迫自己或對方時，真的有好處嗎？」

藤井：「嗯，生氣不但無法解決問題，還會破壞我和部屬的關係，最後鬧到不歡而散，如果我真的四處去散布他的壞話，還會讓我變成『愛搬弄是非』的人，怎麼想都沒有好處。」

高杉：「看來你已經明白了。再提醒一點，絕對思考也會害你缺乏彈性，一旦過度信任自己的判斷，就很容易發生致命的錯誤，一定要特別小心。」

❗ 你接受他的做法，但不代表你必須和他一樣

藤井：「好，現在我知道該如何分辨壞思考了，但接下來該怎麼辦呢？」

高杉：「問得好，接下來，就是把壞思考轉換成好思考。」

藤井：「有具體的做法嗎？」

高杉：「很簡單，就是把絕對思考中『一定、絕對』等主觀的認定，轉變成『希望、期待』，進而追求你的『意圖、目標』，再次肯定你自己的價值。」

藤井：「可以說得更清楚一點嗎？」

高杉：「就拿你對部屬的壞思想來說，你可以把『絕對不能因為個人的生涯規畫，就隨便提離職』的想法，轉變成『離職是很正常的現象，每個人都會有自己的理由』。也就是**不要先否定或判斷任何企圖、目標。但也不是把自己的價值觀完全拋棄**，如果捨棄了自己的目標、企圖——也就是價值，很有可能因為失去方向而迷失。比如說，部屬為了自己的生涯規畫決定離職，你可以接受這個做法，但不代表你必須和部屬一樣，不考慮他人感受

及公司發展就離職，因為這是你的價值觀。」

藤井：「原來如此。這麼一來，不但能保有自己的價值觀，也不會被絕對思考困住了。」

高杉：「是的。最好時時提醒自己，沒有任何事有絕對要這麼做的理由。只要經常練習，把絕對思考換成自己的希望、期待。這麼一來，即使狀況不符合自己的希望，也不至於令人難以接受。當然，就不會被壞的負面情緒影響，做出令自己後悔的事。」

「不過，這不是要你壓抑情緒，畢竟結果不如預期，人多少都會感到不愉快。就像你遇到部屬突然要離職了，這一定會讓你感到錯愕、遺憾、不高興，但這些負面情緒，不但能協助你冷靜的處理問題，還能促使你積極改善狀況。例如：你能冷靜了解部屬想離職的原因，多爭取他辦理交接的時間，盡可能不影響重要的專案。」

藤井：「原來如此。就是避開絕對思考，把思考轉變為『期待、希望』。這樣的話，即使狀況再棘手，也能選擇不高興而不是立刻發脾氣，我會試試看。」

高杉：「對你來說，這是一種新的技巧，所以最好能多練習，只要多試幾次，熟練後，你也能擁有強大的心理素質。」

藤井：「謝謝，我會的。」

正確示範

選擇「不高興」，針對問題解決它

三宅：「真的非常抱歉，我決定做到這個月底。在公司的這段期間，非常謝謝您的照顧。」

藤井（略感驚訝，卻沉著的回應）**：**「這有點突然，究竟是怎麼一回事？能不能告訴我你為什麼要離職？」

三宅：「我已經決定到美國費城大學的工學院教書並做研究。」

藤井：「你是說，到那所世界頂尖工學院的費城大學嗎？恭喜你。但老實說，你突然決定離職，我真的有點錯愕。不過，錯過這麼好的機會的確太可惜了……。」

三宅：「您能諒解真是太好了。」

藤井：「但是……三宅，因為你是重要專案的主要成員，是不是可以考慮再多留三個月？我想，如果你放棄了這麼重要的任務，應該也會有點遺憾吧？」

三宅：「當然。我在公司這段期間，您那麼照顧我。我會和費城大學那邊交涉看看。不好意思，我必須到人事部處理一些手續，先失陪了。」

（三宅離開藤井的辦公室。）

藤井（在只剩自己一個人的辦公室）：「真可惜，又少了一個得力助手，而且他也沒事先通知，的確讓人有點不高興。今後我最好多關心部屬到底在想什麼，以預防這種狀況再次發生。少了三宅後，又得重新思考人員配置的問題了。我似乎無法負荷管理這麼多人的工作，最好想個改善方案，找時間跟主管討論一下。」

重點整理

接受「例外」，讓自己更有彈性

藤井懂得分辨壞思考後，靠著好思考，順利克服了心裡的不高興。

首先，藤井懂得選擇好的負面情緒「不高興」，來取代「生氣」。他把本來認為「絕對要做到」的目標，轉換為相對的期待：「人最好能懂得感恩，但不是每個人都一定要這麼做，有時，也可能因為特殊狀況做不到。雖然這種狀況會讓人不愉快，不過還能理解」，接著他用符合現實的思考方式，找出三宅離職的原因，並與他協議多留三個月，將對專案的影響降到最低。

因為好的思考，藤井懂得選擇好的負面情緒「不高興」，讓他能保持鎮定，想出「說服三宅多留三個月」，將三宅離職造成的傷害減到最低。最後，不一再責備自己，反而是期許自己：「更關心部屬在想什麼」，主動評估自己的狀況，「想出改善方案與主管討論」，這些都是能帶來好結果的正向行動。

第 6 章

情緒勒索
使你有罪惡感，
如何負負得正？

狀況3. 無法答應同事的要求

不論做什麼樣的生意，都很難確實預測市場的需求。雖然每家公司都希望盡可能滿足顧客的需求，但實際狀況總會與顧客的期待有出入。這時候，如果無法滿足市場的需求，內心可能就會出現罪惡感，尤其是越有責任感的人，罪惡感就會越重。

五十三歲的清水就是很有責任感的人，他在大型製藥公司工作，是綜合感冒藥製造部門的負責人。他最引以為傲的是，工作至今，他經手的每個案子都能圓滿達成，因此他更要求自己：「絕對不能失敗。」

「你怎麼能這麼不負責任？」讓你超有罪惡感

清水和業務部的負責人金子正在開會，金子要求清水緊急增加感冒藥的產量。

金子：「今年感冒大流行出乎意料之外，需求量增加這麼多，公司的感冒藥庫存已經不夠了。清水，請你要求製造部門增產感冒藥！」

清水（覺得有罪惡感）：「身為製造部門的負責人，我知道我必須支援業務部，但是……。」

金子：「但是什麼？感冒藥的數量真的不夠了，如果缺貨，你不覺得對不起同事、公司，尤其是消費者嗎？你怎麼能說這麼不負責任的話？」

清水：「當然，我必須負責這件事。但很遺憾，我不能向你保證一定能增產。」

金子：「減少其他產品的產量不就行了？」

清水：「不能這麼做，我對其他的產品也有責任。」

金子：「什麼？你的意思是，你可以答應別人的要求，就是不能答應我的要求嗎？這太不公平了，你一定要想辦法解決！」

（踢開椅子，離開會議室。）

清水（回到座位上，沮喪的喃喃自語）：「唉，我竟然不能答應金子的要求，或許我真的沒資格當製造部門的負責人，我到底該怎麼做才好……。」

金子強烈要求清水負起責任，讓他產生了很大的壓力，加上他對自己的要求又很高，清水因此感到強烈的罪惡感。清水到底要怎麼提高自己的心理素質，才能順利解決這個棘手的問題呢？

哪裡有問題

為什麼一定要滿足他？

高杉：「現在讓你覺得最困擾的問題是什麼？」

清水：「我不能答應增產感冒藥，因為我沒有看到實際的數據，證明感冒藥的需求的確有增加，也沒有理由減少其他產品的產量，現在實在是進退兩難。或許，我真的沒資格當製造部門的負責人。」

高杉：「所以，不能答應增產感冒藥，讓你壓力很大？」

清水：「是的。」

高杉：「換句話說，你認為一定要滿足對方的要求。」

清水：「是的。我覺得這是我的責任。」

高杉：「但是，為什麼你非要滿足對方的要求不可？」

清水：「我是製造部門的負責人，有責任提供充足的貨源給業務部。我的工作，本來就是要滿足業務部的需求。」

高杉：「你的意思是，因為**滿足業務部是理所當然的事，所以非滿足他們不可？**」

清水：「是的。」

高杉：「但是，這個標準是誰規定的？」

清水：「這還需要規定嗎？有需求就應該想辦法滿足它，無法滿足需求，就只能讓賺錢的機會從眼前溜走。此外，如果無法提供充足的貨源，與我們合作的藥局、店家都不會再相信我們，還會影響到其他人對我的評價。」

高杉：「我知道滿足市場需求的好處，也非常清楚無法滿足市場需求的壞處，但這無法拿來當成判斷的標準，頂多只能當作對自己的期待，不是嗎？」

清水：「對我來說，這兩者只是用詞上的不同而已。『非滿足市場需求不可』和『我希望能滿足市場需求』不是一樣的意思嗎？」

高杉：「清水，它們是兩種完全不一樣的思考。不只如此，它們還會帶來兩種截然不同的反應與結果。」

清水：「什麼意思？」

高杉：「首先，我希望你能確認一點，從現實狀況來看，真的有非滿足市場要求、非得負起責任不可的理由嗎？即使能做到的優點再多，或做不到會帶來很多缺點，說穿了，這只是個人的期待而已，不是絕對的判斷標準。如果從邏輯思考，你就會發現，這種想法是跳躍的、前後不連貫。」

清水：「這麼說來，的確是這樣。」

高杉：「當然，最好凡事都能符合自己的期待，或得到令人滿意的結果，但現實中難免會遇到令人遺憾、扼腕的事。如果你仔細想想，就會知道，**不管是令人滿意或遺憾，評斷的標準都是對自己的期待而已，找不到有力且符合事實的憑據。**」

❗自己對號入座，壓力更大

清水：「我知道了。我也了解世上沒有『絕對』的事。但是，我還是分不出來絕對思考和符合期待有什麼差別。」

高杉：「這樣解釋你可能比較容易理解，絕對思考是必須無條件遵守的要求。但是，我們都知道，人不是十全十美的，要一個人完全滿足別人的要求、盡到自己的責任，是不可能的。」

清水：「所以才要想辦法達到啊。」

高杉：「如果不斷用絕對思考要求自己，就會在潛意識中認定『自己一定能滿足別人的要求、絕對能負起責任』。當無法給對方承諾時，現實與自己的期待就會出現巨大的落差，嚴重打擊自己的信心，也會因此無法接受這個結果。」

清水：「我懂了，也就是說，我把『滿足對方要求、負起責任』，當成自己一定能達成的事。一旦做不到，我就會覺得自己失敗了、這是不能被原諒的錯誤，會把所有錯都攬在自己身上，也有強烈的罪惡感。」

高杉：「是的，就是你對自己的期待太高了，而且已經偏離現實，才會讓你如此不安。」

清水：「原來是這樣！」

❗對方強加的罪惡感，你不用乖乖收下

高杉：「我再問你，聽到金子對你說：『你怎麼能說這麼不負責任的話？』你有什麼感覺？」

清水：「我無法否認，因為金子說得沒錯。」

高杉：「不對，你拒絕他的要求，不代表你是不負責任的人，相反的，因為你必須為自己的工作負責，當然不能減少其他藥品的產量，更不能隨便答應他增產。」

清水：「您說得沒錯。但那個時候，我真的沒辦法反駁。」

高杉：「這是因為，你要求自己絕對不能失敗。對你來說，不能答應他的要求，就像宣判你自己失敗了，你才會產生強烈的罪惡感。」

清水：「所以，我被絕對思考限制了？」

高杉：「對，金子利用你的責任感，逼你答應他的要求，這是一種交涉手段。冷靜思考後，你就能明白，因為沒有考量到實際的市場需求，而要求你增產

感冒藥，其實這是市場分析失準。如果真的要追究責任，金子也有一部分的責任。」

清水：「是啊，我那時居然被壞的負面情緒牽著鼻子走，完全失去了判斷力。」

高杉：「這是因為，你被絕對思考影響，產生了罪惡感，這是一種壞的負面情緒。它讓你覺得自己有錯，於是無法像平常一樣冷靜客觀的分析，只是任由金子對你發脾氣。另外，被他這樣攻擊，你一定覺得很沮喪吧，這也是一種負面情緒。」

清水：「是的，我的心情真是跌到谷底了。」

高杉：「現在你已經知道了，壞的負面情緒會帶出更負面的反應，產生惡性循環，並讓你無法發揮正常的水準。」

你可以這麼做

讓期待接近現實，你會更理性客觀

清水：「我知道我陷入思考的盲點了，那麼，我應該怎麼做呢？」

高杉：「你可以用相對期待取代絕對要求，例如告訴自己：『我當然希望能增產感冒藥，但還是要看數據判斷，如果沒有這個需求，即使金子用各種方法要求我，我也不應該妥協。畢竟，沒有人能完全滿足市場需求，我也得評估風險才行。』」

清水：「但改變想法後，對我有什麼好處？」

高杉：「當你把原本的絕對要求，轉換為期待或希望時，即使結果不如預期，但也不至於與現實落差太大，讓自己無法承受。」

清水：「原來如此。就是不會再有『絕對不能發生的事』，自然不會遇到『絕對不能發生的事卻發生了』的狀況。」

高杉：「是的。雖然希望也可能落空，但只要能降低期待與現實的落差，就不會被壞的思考牽著走，進而誘發更多壞的負面情緒。同時，你還要告訴自己，負責當然很重要，不過凡事盡力就好，背負太多責任，反而會讓你無法前進。」

清水：「總之，把『絕對要求』轉變為『相對期待』就對了。」

高杉：「是的，完全正確。」

清水：「如果把這件事視為相對期待，我就不會因金子的話而感到沮喪和罪惡感了嗎？」

高杉：「我不能保證，但可以肯定的是，至少你不會有這麼大的情緒起伏。因為對你而言，『無法答應增產』是可能發生的事，所以你也能接受了。」

清水：「沒想到，換個說法差這麼多。」

高杉：「不過，無法做出承諾及被責備，這的確會讓人不舒服。你也不需要刻意迴避這種感覺，這是很正常的現象。」

清水：「原來如此，只要定位為相對期待，不但不會產生罪惡感，也能預防自己受到對方的情緒影響，以至於失去理性與客觀。」

❗ 選擇「內疚」，專心找出解決良方

高杉：「另外，我建議你，可以選擇自己的情緒，例如用內疚取代罪惡感。」

清水：「內疚和罪惡感有什麼不同嗎？」

高杉：「因為不能答應別人的要求，覺得很遺憾就是內疚。想給卻無法給，會覺得懊悔，這也是**內疚**。它和罪惡感最大的不同是，它不會讓你陷入自責，還**會刺激你找尋解決方法**，是好的負面情緒。」

清水：「真的，我剛剛一直怪自己太沒用，才無法答應金子的要求，甚至覺得自己能力不足，沒有資格擔任負責人。」

高杉：「是的。負面情緒也有好壞之分。只要你能啟動好思考，自然能選擇好的負面情緒，想出有效的解決方法，帶來正向的結果。不只如此，內疚還會刺激你去找出發生問題的主要原因，這麼一來，下次遇到類似的狀況，你就能更從容的面對，心理素質也會因此提升。」

清水：「知道了，我會試試看。」

正確示範

真心內疚，反而想出好方法

金子：「沒想到今年感冒大流行，需求量增加這麼多，公司的感冒藥庫存已經不夠了。清水，請你要求製造部門增產感冒藥！」

清水：「我很希望我能幫得上忙，但現在製造部門沒有辦法應付增產的需求，真的很遺憾。畢竟，這是公司所有人一起開會決定的產量，我不能說改就改。」

金子：「清水，光是遺憾於事無補，你應該負起責任吧。你不會覺得對同事、消費者不好意思嗎？」

清水：「我就是因為必須負責，所以回絕你的要求，如果可以的話，我當然希望能增加產量，但現在生產線已經無法再負荷其他的生產計畫了。」

金子：「難道，不能減少其他產品的產量嗎？」

清水：「金子，現在所有生產線真的都滿了。如果其他業務也這樣拜託我減少感冒藥的產量，你能接受嗎？」

金子：「那該怎麼辦？」

清水：「雖然我不能答應，但我可以去找其他業務經理談談看。」

金子：「好吧，那就麻煩你了，謝謝！」

重點整理

不展現強烈企圖心，就代表不努力？

清水成功擺脫絕對思考，就不會隨著對方的情緒起伏，自然能憑自己的經驗，冷靜客觀的順利解決問題。換言之，把對自己的絕對要求，轉換為「希望能答應對方」的相對期待，就能降低現實與期待的落差，接受任何可能的結果。

接下來，清水用好的思考取代壞思考，因此他能迴避罪惡感，選擇好的負面情緒。因為「內疚」，讓他不浪費時間自責，反而爭取到更多時間，去找其他的經理進行交涉，幫金子解決問題。

用期待、希望取代絕對思考，你不會因此失去鬥志，也不會給人「不努力」的錯覺。而且，這麼做還能讓你更客觀的面對問題，不論在任何狀況下，都能發揮實力，給人專業、可靠的好印象。

狀況4. 事先敲定的約會，臨時爽約了

在長期不景氣中，與資訊相關的產業算是表現比較亮眼的。但是，這一行其實很辛苦，尤其是負責系統維護的工程師，因為無法預期什麼時候會有突發狀況，工作時間很不一定，經常需要加班，很難有私人的時間。

有時候和朋友約好要吃飯，結果因為工作，不得不爽約。這時候，多數人會產生罪惡感。

更嚴重一點，還會責備自己，陷入自我否定。

三十三歲的田中，在資訊系統顧問公司擔任專案經理。她是一個個性很不服輸的女強人，而且她認為，絕對不能公私不分，而且兩者都要兼顧，否則就是不專業。

我絕對要遵守約定，但是……

晚上七點多，田中還有很多工作沒忙完，她不斷看牆上的鐘。其實，她今天和朋友有約，但是照現在的狀況來看，似乎無法赴約了。

田中（自言自語）：「唉，因為突然冒出來的工作，可能來不及參加今天晚上的聚會了。但是，我跟荒井說過我一定會去的，我絕對要說話算話。」

（三十分鐘後。）

田中：「時間真的來不及了。我還是告訴荒井我不能去聚會了吧。喂，荒井，我是田中……。」

荒井：「田中，妳在哪裡？大家都在等妳了。」

田中：「不好意思，今天晚上我得加班，沒辦法去了。」

荒井：「什麼？妳已經答應過我了，絕對不能放我們鴿子。說好了要來卻不能來，真是太不夠意思了。」

田中（感到沉重的罪惡感）：「真的很抱歉，我也很想去，但是……。」

荒井：「不管，等妳忙完就過來吧，大家還會在這裡等妳，就這樣了，再見。」

（掛電話。）

田中（自言自語）：「我真差勁，都和人家約好了卻臨時爽約，對那些朋友真的很不好意思。如果我能盡快處理完臨時接到的工作，就能趕去赴約了。唉，我好討厭我自己喔。」

哪裡有問題

越自責，罪惡感會越重

最後，田中還是無法赴約，因此她產生強烈的罪惡感，讓她不斷責備自己。

高杉：「妳對自己真嚴格。」

田中：「不能這樣說，因為我先答應對方了，既然答應了就應該赴約，這樣臨時爽約太不負責任了。」

高杉：「但是，妳不是故意不去的，只是突然遇到緊急的工作，不得不處理。」

田中：「是的。但我平常都會預留時間，不讓突發事件影響正常進度。我這次也應該這樣做的，唉，我真的很糟糕。」

高杉：「妳現在不斷責備自己，也於事無補啊。雖然妳這次爽約了，但不代表你就是不守約定的人，妳一直覺得自己『糟糕、不負責任』，等於是全盤否定了自己。但妳冷靜想想，根本沒有這麼嚴重，對吧？」

田中：「可是，我真的無法原諒自己臨時爽約……。」

偶爾失約，你也不會變「沒信用」的人

高杉：「的確，我們會用一個人的行為評價對方。例如：大部分的人認為，偷東西是不好的行為、使用暴力是不好的行為，但是，我們不能因為對方做了一、二次，就認定他是小偷、流氓，對吧？」

田中：「我想，放人家鴿子也是不好的……。」

高杉：「這或許不是一種值得讚賞的行為，但是妳一年之中，有多少次放人鴿子的紀錄？」

田中：「嗯？幾次吧。」

高杉：「是的。妳要知道，人一輩子會做很多事。在這些行為當中，要有多少不

好的行為，才能評價一個人是壞人？是一〇％、五〇％，還是八〇％？」

田中：「應該沒辦法用這種標準來判定吧。」

高杉：「是的，的確沒有這種標準，所以妳認為，我們可以客觀公正的判定所有人的行為嗎？」

田中：「不能。」

高杉：「這樣就對了，實際上沒有一個人可以被準確的評斷，也沒有一個人可以精準的判斷另一個人。」

田中：「為什麼？」

高杉：「因為人會不斷改變，所以我認為，最好不要用單一行為，就輕易評價對方。」

田中：「我真的滿常**用一件事來評價自己**。」

高杉：「**這種以偏概全的評斷，就是一種『過度推論』**。」

❗ 一再指責自己，會失去判斷力

田中：「但是，老師，我為什麼會這樣？」

高杉：「多半是因為妳把放鴿子這件事，認定是絕對不能發生的事。」

田中：「是的。我認為已經答應對方、卻放人家鴿子，真的很差勁。」

高杉：「也就是妳把爽約這件事，看作是最糟糕的狀況。」

田中（欲言又止）：「可以請老師不要一直說爽約嗎？我覺得很不舒服。」

高杉：「不好意思。總而言之，對田中來說，妳會覺得這是一件難以承受的事。」

田中：「是的。」

高杉：「但對田中而言，妳越覺得爽……不，『本狀況』是難以承受的結果，就會越想揪出讓妳陷入這種狀況的凶手。」

田中：「沒錯。」

高杉：「抽絲剝繭後，妳發現凶手就是自己，所以，妳才會一再的指責自己。不論如何，在這種情形下，妳已經失去冷靜判斷的能力了。」

❗偏離現實的要求，不是激勵，是壓力

田中：「為什麼我會無法原諒自己爽約，是天生的性格影響嗎？如果是這樣，我真的無藥可救了。」

高杉：「的確，妳的性格多少會有一些影響。但人的情緒，一定是透過思考生成的（**詳見第一部的序章**）。所以，只要改變思考方法，就能控制情緒。」

田中：「思考？我有什麼樣的思考？」

高杉：「田中的思考潛藏著絕對要求，也就是妳會要求自己非遵守約定不可。我想田中會這麼想，除了妳不斷告訴自己：『我必須對自己的發言負責』，妳的父母親、老師也常常這樣叮嚀妳吧。」

田中：「錯了。事實上，我的父母、學校的師長常常說話不算話。這反而讓我覺得，只要說出口的話，就一定得遵守。因此，我對自己說過的話，也一定會負責。」

高杉：「原來如此。」

田中：「老師，您該不會想說，不遵守承諾也沒關係吧？如果是這樣，我會看不起您。」

高杉：「我投降了。請別先入為主的在我身上貼標籤。我想說的是，妳要求自己一定要對說過的話負責，當妳自己無法遵守承諾時，等於親手挖了一個大洞把自己埋起來，也就是親手製造了『絕對不能發生的狀況』。因此，當結果與預期不同時，妳會因為落差太大，難以接受結果。

「再加上，荒井對妳說：『妳已經答應我了，不能不出現』，這讓妳承受更大的壓力，罪惡感也更重了。」

田中：「……。」

高杉：「另外，妳還要求自己必須先預測可能有緊急的工作。這對任何人來說，難度都太高了，根本已經偏離現實，是對自己過度的期待。」

你可以這麼做

堅定信念很好，但別過度要求

田中：「我的確常提醒自己要對說過的話負責，要我捨棄這個觀念，我做不到。」

高杉：「我完全沒有要妳改變自己的價值觀。事實上，做事負責、做人守信，都是非常重要的。」

田中：「沒錯，我也這麼認為。」

高杉：「雖然妳的觀念正確，但若用『絕對思考』要求自己，一定要百分之百做到，這些正確的價值觀就會造成妳很大的負擔，還會帶來負面的影響。」

田中：「絕對思考？」

高杉：「是的。雖然妳希望自己一定要信守承諾，但在現實中，妳可能會遇到許多突發狀況或意外，這是很難避免的事。也就是說，妳對自己的要求已經偏離現實了。」

田中：「這我明白。我的確因為無法做到十全十美感到沮喪，所以我應該更努力，才能達到完美。」

高杉：「我了解妳的心情，不過一直這樣想，無形中妳會為自己製造許多無謂的壓力，當壓力超過妳能負荷的範圍，就會影響妳的表現，對妳來說這不是一件好事。所以，現在請妳換個思考方式，告訴自己：『我希望自己能說話算話』，把絕對、一定的規範，改成希望。」

田中：「我希望自己能說話算話？」

高杉：「是的，就是這樣。把對自己的期待當成希望，這會讓妳因意外狀況而無法做到時，更容易接受與預期不符的結果。另外，我想提醒妳，『凡事一定要遵守承諾』這種想法，本身就不符合現實，即使做不到也是很正常的，妳可以理解嗎？」

田中：「我懂，我會按照老師說的方法試試看，但這樣做，真的能降低我的罪惡感嗎？」

❗可以「內疚」，再反省找出好方法

高杉：「這一點我不能保證。但是，這會讓妳更容易選擇自己的情緒。因為當結果是可以接受的，即使不太滿意，也不會出現太極端的情緒，自然能避免鑽牛角尖。」

田中：「這麼一來，我就不會一直自責了？」

高杉：「是的，我建議妳，選擇內疚取代罪惡感，就能不被情緒控制，還能積極的想出解決辦法。」

田中：「內疚？」

高杉：「因為罪惡感是壞的負面情緒，這會讓妳容易被情緒牽著走，做出自責、鑽牛角尖等，對實際狀況沒有任何幫助的行為。但內疚能讓妳省下這些時間，並把焦點放在『如何預防自己下次因臨時狀況爽約』，自然能有效解決問題。」

正確示範

選對情緒，讓你遠離罪惡感

田中（自言自語）：「看來，因為突然冒出來的工作，我是來不及赴約了。雖然我已經答應過荒井，也不希望爽約，但遇到這種狀況也沒辦法。先打電話通知荒井吧……。喂，我是田中，不好意思，我沒辦法參加聚餐了，因為突然有工作要忙。」

荒井：「什麼，妳不是跟大家說一定會來的嗎？妳都答應我了，現在又反悔，實在是……。」

田中（覺得很不好意思）：「我真的很想去，但手邊真的有工作讓我走不開。我也覺得很不好意思，下次我再請大家一起吃飯吧。」

荒井：「妳說的喔，不能又說話不算話。不過，如果妳提早忙完，還是過來一趟和大家打個招呼吧，我們會在這裡待一陣子，先這樣了。」

（掛電話。）

田中（自言自語）：「唉，爽約的感覺真的很差，我也很想和大家聚一聚，但誰會料到突然要處理緊急的工作，這也是沒辦法的事。對了，只要用最快的速度做完，或許還有時間和大家打個招呼。下次我一定要預留一些時間，才不會又為了臨時插進來的工作，犧牲私人時間。」

重點整理

別過度自責，選擇內疚讓你更自在

雖然還是無法準時赴約，但田中已經不再自責，還想到「趕快把工作做完，或許還能去和大家打個招呼」的好方法。這都歸功於，田中已經能用好思考取代絕對思考，懂得選擇好的負面情緒，進一步做出正確的判斷。

因為田中**不再浪費時間怪自己，才能更冷靜的分析狀況**，進一步想出好方法。她選擇盡快把工作做完，盡量在聚會結束前趕到現場，或許還能和朋友見到面。不只如此，她還積極的想要防止類似的事再發生，於是她提醒自己，要更妥善的管理工作程序，預留一些時間，才不會被臨時插進來的工作打亂陣腳。

從田中的例子可以看到，罪惡感很容易讓人鑽牛角尖或過度自責，是壞的負面情緒；相反的，內疚能讓她沉著的面對問題，甚至積極找出解決方法，所以是好的負面情緒。

在這個世界上，沒有人是十全十美的，縱使人人都希望能完美無缺，但要求百分百的完美，就是偏離現實的過度期待，只會為自己製造無謂的壓力。因此，我們除了要坦然接受不完美的自己外，還要時時提醒自己，把追求完美當作對自己的期待，而不是絕對要求，這能讓你培養出強大的心理素質，更接近完美。

第 7 章

不安與擔心，
該選哪一個？

狀況5. 害怕上臺報告，卻錯失大展身手的好機會

現在，無論什麼行業，員工做簡報的機會越來越多。做簡報時，除了要懂得如何操作軟體、投影機外，報告時還要搭配事例，或幾個小故事說明，甚至是看一眼就能理解的插圖，好讓聽眾更容易理解。當然，最重要的還是要有堅強的心理素質，畢竟要站在一群人面前，流暢的向所有人說明自己的想法，這需要極大的勇氣，不是每個人都能做得到的。

三十三歲的砂田最近就因為「做簡報」傷透腦筋。他在知名的化妝品公司服務超過十年，一開始，砂田在業務部待了五年，有了實務經驗後，才被分配到保養品事業部擔任行銷企劃，負責發想護髮產品的行銷策略，表現深受主管肯定。

那天，砂田被主管野中叫進辦公室。野中好像要把一項重要的工作交給砂田，但兩人卻一臉凝重，似乎還有一些衝突。

先拒絕，又後悔

砂田的主管野中微笑的走向默默坐在桌旁的砂田，似乎有什麼話要對他說。砂田看著主管，心裡莫名出現一股不好的預感。

野中：「這次的行銷會議要討論新產品的銷售策略，我想麻煩你蒐集資料，做成十頁左右的簡報。」

砂田（面露不安）：「沒問題，我很樂意蒐集資料……，不過，我應該不用上臺報告吧？」

野中（臉上堆滿笑容）：「我就是打算這麼做，這是讓公司高層認識你的大好機會，你一定可以做得很好，好好表現啊！」

砂田（臉色鐵青）：「這……，對我來說太突然了，我做不到。不瞞您說，我最怕在公開場合發表意見，更別提要上臺報告了。如果沒做好，免不了會被其他人恥笑，說不定還會失去現在的工作，我絕對不能冒這種險，可以麻煩您找別人嗎？」

野中（一臉失望）：「我很驚訝你竟然這麼排斥上臺。但是你都這麼說了，我也不好意思再勉強你。沒事了，你去做事吧。」

砂田（意志消沉的走出辦公室，自言自語）：「唉，我又錯失一次大展身手的好機會了。為什麼我這麼膽小，總是無法把握機會，任憑機會從眼前溜走？我真沒志氣。」

砂田被主管要求上臺報告，因為缺乏經驗感到很不安，白白將大好機會拱手讓人，這讓他後悔不已。接下來，我將分析砂田為什麼會有這種反應，並幫助他增強自己的心理素質，積極改變現狀。

哪裡有問題

「我絕對不能失敗」，那也很難成功

高杉：「我想，你的主管八成認為你期待這一天已經很久了，所以沒想到你會拒絕他。」

砂田：「是啊，這的確是我夢寐以求的機會，但是……。」

高杉：「但是，你卻拒絕了。可以告訴我，你為什麼要推辭嗎？」

砂田：「因為我很怕在那麼多的高階主管面前報告，如果失敗了，他們就會對我留下壞印象，搞不好我還會因此丟了工作。我沒辦法接受這種結果，也絕對不能讓它發生。」

高杉：「不過，這只是你的假想吧？你能拿出證據來證明，如果把會議搞砸了，就會影響其他人對你的評價、失去這份工作嗎？若是從我的經驗來看，我還未曾聽過，有人因為報告時結巴被炒魷魚的。」

砂田：「或許吧，但我無法忍受自己在那麼多人面前犯錯。」

高杉：「看來，你對自己很沒自信，而且想法很悲觀。因為你太害怕失敗，所以不敢嘗試，我說的沒錯吧？」

砂田：「是的。我絕對不允許自己在那麼多人面前出錯，所以我拒絕了。」

高杉：「也就是說，你要求自己上臺報告絕對不能出錯，所以一定要把簡報做到最好？」

砂田：「您怎麼知道？我的確是這麼想的。」

高杉：「此外，你無法接受自己在別人心中留下不好的印象，尤其當對方又是高階主管時，對你來說，這個壓力又更大了，對吧？」

砂田：「是的，光想到主管用鄙視的眼神看我，我就頭皮發麻了。」

高杉：「你知道為什麼你會出現這些反應嗎？這是因為，你的『絕對思考』導致你被壞的負面情緒控制了，也就是焦慮、害怕，進一步影響你做出錯誤的決定。」

❗絕對不能出錯，等於騙自己「絕對不會錯」

砂田：「老師，我不太懂您的意思。難道『一定要把簡報做好』、『絕對不能失敗』、『在主管面前絕對不能出錯』這些想法是錯的嗎？」

高杉：「基本上並沒有錯，問題是出在你用『絕對要求』，逼自己一定要達到這些目標。」

砂田：「當成『絕對要求』有什麼問題？」

高杉：「絕對要求在無形中，會為你製造很多壓力。比如說，你要求自己上臺報告絕對不能失誤，但實際上，沒有人能保證上臺報告絕對不出錯，即使是常常在臺上演講的名人，還是有可能說錯話，這都是很正常的事。

「一旦你用絕對思考要求自己，就會下意識的認定『我上臺報告一定不會失誤』，這時，只要你稍微結巴或說錯話，即使主管不會把這些小失誤放在心上，你也會因為這些狀況耿耿於懷，因為對你而言，『這是不可能發生的事卻發生了』，因此你才會無法接受這個結果。」

砂田：「不可能發生的事卻發生了……，這真的令人很難接受。」

高杉：「我想，你認為自己不擅長上臺報告，應該是因為之前有許多失敗經驗。當壞的負面情緒加上這些失敗經驗，就讓你的壓力更大了。」

砂田：「您說對了，我還曾因此在大家的面前出糗，當時真想要找個洞鑽進去。」

高杉：「不過，這麼難得的機會，就因為你主觀的假設與恐懼錯失了良機，實在太可惜了。」

砂田：「是的，真的很可惜，我自己也知道，但是……。」

高杉：「我想，你的主管大概也不會再找你上臺報告了。如果你願意試試看，說不定這正是你克服恐懼的契機。」

砂田：「別再說了，我現在也很後悔，我怎麼這麼膽小……。」

高杉：「雖然你拒絕了主管的建議，就不需要面對上臺報告的恐懼，但另一方面，你卻因為親手斷送這個大好機會，覺得很後悔，因此陷入自我嫌惡當中，這就是由壓力引發壓力的惡性循環。」

砂田：「事實上，我常遇到這種情形……。」

你可以這麼做

接受自己的不完美

砂田：「老師，我該怎麼做？」

高杉：「首先，我希望你能坦然面對自己的弱點，承認自己不擅長上臺報告。」

砂田：「這一點我十分清楚。」

高杉：「不，我要你真正的接受自己不擅長上臺報告。因為你不想上臺報告，多半是不能接受自己不擅長上臺報告吧？」

砂田：「我不懂老師的意思，我很了解自己不擅長上臺報告啊。」

高杉：「我的意思是，你了解自己不擅長上臺報告，但你不想接受這件事。或許你認為，這是每個上班族都應該具備的基本條件，但如果在臺上講錯話會很丟臉，所以你不想接受。」

砂田：「的確，我覺得這是上班族應該具備的基本能力，不會真的很丟臉。不過您現在是想告訴我，這樣也無所謂嗎？我有點無法接受。」

高杉：「不，我不是要改變你的價值觀，而且你的想法也沒錯，這的確是上班族不可或缺的能力。」

砂田：「連老師都這麼說了，那我到底該怎麼辦，去報名補習班還來得及嗎？」

高杉：「你可以慢慢考慮這件事，現在，你只要正視並接受自己不擅長上臺報告這件事。你不需要主觀的評斷自己，如果覺得有點困難，就試著站在客觀的立場看這件事，這會幫你更快接納不完美的自己。」

❗上臺出糗很丟臉，但也不是世界末日

砂田：「好吧，我承認我真的不擅長上臺報告，這樣就能減輕自己的壓力了？」

高杉：「接著，你要試著用『期待、希望』去取代絕對要求。」

砂田：「請老師說得更具體一些。」

高杉：「就是告訴你自己：『我希望自己能順利完成簡報，上臺報告不要出錯。

當然還是會有小失誤，但只要記取教訓，盡量不要犯錯就好。』換言之，就是原本視為絕對要做到的事，當作是對自己的期待、希望。」

砂田：「這樣不會顯得很沒有鬥志嗎？」

高杉：「的確，很多人都有這種迷思，實際上，鬥志或熱情與絕對思考沒有直接關係，而且，當你把目標當成『希望、期待』時，反而能減少不必要的壓力，讓你更專注在目標上，表現得更亮眼。」

砂田：「真的只要把絕對、一定，轉換成期待、希望就能有這麼大的變化？」

高杉：「沒錯。從現實的角度來看，世上本來就沒有絕對、一定的事。這些通常是受到個人主觀認定的影響，變成不實際的過度期待，更缺乏邏輯。」

砂田：「好像是耶，我對自己的要求，好像都是自己想出來的。」

高杉：「所以，只要把絕對換成希望，就不會認為『上臺報告失敗』是絕對不能發生的事，即使真的失敗了，你也不會因此陷入極端的負面情緒中，最後被情緒綁架，做出讓自己後悔的事。」

砂田：「原來是這樣，所以我那時候才會被恐懼沖昏頭，慌慌張張的拒絕主管，親手把大好機會送給別人了。」

高杉：「是啊。表現不理想，心情一定會受到影響，可能會覺得傷心、挫折，但並不是世界末日，只要你能選擇好的正面情緒，就不會被情緒左右，還能客觀冷靜的分析自己失敗的原因，讓自己成長，這不是很棒的學習機會嗎？」

砂田：「您說得沒錯，我以前也曾經上臺報告出糗，不過也沒有因此就世界末日啊（笑）。」

❗ 與其「害怕」，不如選擇「擔心」

砂田：「不過，老師剛才提到好的負面情緒，那是什麼？」

高杉：「首先，你可以告訴自己，即使上臺報告不順利，也不會是世界末日，這才是符合現實的好思考。這樣一來，你就能避免被壞的負面情緒左右，因為不安而陷入焦慮。接下來，你可以選擇好的負面情緒，也就是擔心。」

砂田：「不安和擔心？」

高杉：「是的。**不安很容易讓人感到焦慮，最後選擇逃避現實**，因為壞的負面情緒會引起消極的行為。但是，當你用**擔心**取代不安，**就會開始檢查自己哪裡做得不好**、不夠完整，自然能準備得更充足，增加成功的機會。」

砂田：「我從來不知道，情緒也能選擇。」

高杉：「你不妨從現在開始，練習選擇情緒，這樣就不會再次因為壞的負面情緒，錯過難得的機會了。」

砂田：「老師，我明白了。我會多練習，同時把握得來不易的機會。」

正確示範 帶著「擔心」接受挑戰，再找個人幫你

野中：「這次的行銷會議要討論新產品的銷售策略，我想麻煩你蒐集資料，做成十頁左右的簡報。」

砂田（面露不安）：「沒問題，我很樂意蒐集資料……，不過，我應該不用上臺報告吧？」

野中（臉上堆滿笑容）：「我就是打算這麼做，這是讓公司高層認識你的大好機會，你一定可以做得很好，好好表現啊！」

砂田（雖猶豫但態度果斷）：「說實話，我以前曾有過失敗的經驗，覺得自己不太擅長上臺報告……。但是，我真的很想改變自己，我願意上臺報告，謝謝您給我機會。」

野中：「對，有心就不難，加油啊！我想你也知道，你的表現也關係到公司高層

對我的評價，我會盡全力幫你，有問題可以隨時來問我。」

砂田：「真的非常感謝您，我會好好準備的。我想去請教安達，安達是這方面的專家。」

野中：「這個主意不錯，那你快去準備吧。」

砂田（回到自己的座位上，自言自語的說）：「希望這次我能好好表現，上臺不要出任何狀況。不過，還是別給自己太大的壓力，即使真的出了差錯，也不是世界末日，從失敗中學習也不錯啊，加油！」

重點整理

減輕壓力，你才能發揮實力

面對同樣的挑戰，當你使用好的思考，懂得選擇情緒時，結果就會出現一百八十度的大轉變。因為砂田已經能接受自己不太擅長上臺報告的事實，即使面對不擅長的事，他也能用擔心取代不安，因而能提早做好準備。

此外，他還想到要請教擅長上臺報告的同事，這就是好的負面情緒帶來的積極行為，當然，也能為他的簡報加分不少。

面對任何狀況，只要保持思考、情緒、行動是符合邏輯與現實的，就能避免製造過度的壓力，一旦壓力減輕，工作自然能充滿熱情、幹勁，也可以激發你的無限可能。

狀況6. 月底了，離業績目標還很遠……

不管景氣好壞，企業老闆或主管的目標不外乎是希望組織不斷成長、擴大，增加營業額。因此，他們會訂下更困難的目標，用各種方法激勵員工，希望能激發員工的潛能，以創造更高的收益。

但在不景氣的時代，維持公司收支平衡就已經很不容易了，還用超乎現實的要求，命令員工達成目標，這樣不但對公司業績沒有幫助，反而讓員工承受更大的壓力，逼得他們喘不過氣來。

三十六歲的松井是一家大型製藥公司的業務，主要負責開發新客戶，向各大醫院推銷新藥。他工作非常認真，除了公司提供的藥品資訊外，自己還會花時間找資料、與其他同業的藥品做比較。儘管他這麼努力，最近的業績卻越來越差，這讓他非常焦慮、不安。

達不到業績目標，死定了？

時間已經很晚了，松井還在辦公室盯著這個月的業績報表。雖然松井很努力推銷新藥，但業績一直沒有起色。這時，公司的王牌業務、同時也是松井的前輩御津田正準備下班，他看到松井還在，就走過來關心他。

松井（自言自語）：「唉，看樣子上半年度的業績目標是達不到了。我之前還在大家面前信誓旦旦的保證，無論如何非達成不可，現在這樣子，大家一定會看不起我。」

御津田：「松井，今天也要加班啊？工作還順利嗎？」

松井（勉強打起精神）：「前輩還沒下班啊？我最近不錯啊，還過得去。」

御津田：「那就好，現在業務這麼難跑，我還有點擔心你。沒問題的話，早點結束回家休息吧，我先走了。」

（御津田離開辦公室。）

松井（被前輩一說，重新燃起鬥志，但內心還是很不安）：「好！我一定要更努力，不能讓前輩擔心。話說回來，其他人的業績好像都不錯，完了，我該不會是最後一名吧？如果我沒辦法達到目標，後果一定非常淒慘，搞不好會被炒魷魚，不行，我絕不能讓這種事發生。光想就覺得不安。明天再多拜訪幾個客戶，這次一定要拿到訂單。唉，想到就胃痛了……，我的胃藥在哪裡？」

松井因為業績不如預期，覺得焦慮、不安，甚至影響生理，讓他的胃痛又發作了。從松井與前輩的對話中很容易就能發現，因為他承受過大的壓力，才會導致胃痛，還可能影響他的表現。

因此，接下來我會為松井分析他的心理狀況，並且給松井一些建議，增強他的心理素質。

哪裡有問題

越想「一定要做到」，反而更難達成

高杉：「松井，你的胃還好吧？」

松井：「針灸、中藥、瑜伽，各種方法我都試過了，但都沒有用。」

高杉：「你的胃痛似乎是因為壓力造成的，最近工作上有什麼煩惱嗎？」

松井：「是啊，最近業績不斷創新低，搞得我壓力超大，每天都擔心自己會被炒魷魚，我想，我最好開始找新的工作了。」

高杉：「松井，你好像有點悲觀過頭了？你是不是要求自己，非達成業績目標不可？」

松井：「是的。我都在大家面前信誓旦旦的保證過了，就一定要做到。」

高杉：「你知道嗎？你無法接受『沒有達成業績目標的結果』，是因為你不知不覺的用『絕對思考』逼自己一定要完成，才會讓自己現在這麼不安、焦慮。」

松井：「絕對思考？」

高杉：「是的，絕對思考讓你用不合乎現實的標準要求自己，當結果不如預期時，你就會因為現實與預想的結果落差太大，遭受強烈的衝擊，無法接受現實而感到絕望。」

松井：「我不懂，這是什麼意思？」

高杉：「沒關係，一步一步來。我想先確認，你是不是認為，自己一定要遵守承諾，非達成目標不可？」

松井：「是啊。這樣想有錯嗎？」

高杉：「我再問你，如果無法達成目標，你會有什麼感覺？」

松井：「慘了、死定了。」

高杉：「為什麼會覺得自己死定了？」

松井：「因為我絕對不能容許這種狀況發生，卻還是發生了。對我來說，根本就是世界末日。」

高杉：「沒錯，你說到重點了。對你而言，不可能發生的事卻發生了，這就是現實與想像出現極大的落差，所以才會覺得無法適應。」

松井：「仔細想想，的確是這樣沒錯。」

極度不安，來自太在意評價

高杉：「請你再冷靜的想一想，你對這個事實有什麼感覺？」

松井：「覺得很焦慮，對未來感到不安。」

高杉：「這是因為，你認定自己一旦失敗，就會失去這份工作，才會引起這麼多強烈的情緒。」

松井：「沒錯。」

高杉：「而且，你很在意自己的評價。」

松井：「是的，我無法忍受被大家發現自己的弱點。這也是絕對思考嗎？」

高杉：「沒錯。只要陷入絕對思考，你就會認為『我絕對不會被其他人批評』。當原本認為不可能的事發生了，就會被誘發出許多壞的負面情緒，甚至出現偏激的想法，例如：覺得自己無能、對未來絕望等。」

松井：「難怪，我會這麼沮喪，覺得自己這麼沒用……。」

高杉：「你的狀況就是很典型的由壞的負面思考，誘發更多不良的反應、情緒。」

松井：「是啊，我明明在工作上遇到很大的瓶頸，還對前輩說謊。」

高杉：「在無法達成目標的壓力下，你還會討厭說謊的自己，以至於陷入更嚴重的低潮，覺得非常沮喪，這都會影響你的工作表現，形成惡性循環。」

松井：「我現在已經在谷底了。」

❗過度壓力下想出來的點子，只是浪費力氣

高杉：「換句話說，如果你放任自己被焦躁和不安左右，就不可能改善你的業績，即使你剛剛想出『多拜訪幾位客戶』的解決方法，但你真的能做到嗎？」

松井：「事實上，我的體力和時間都已經到極限了。」

高杉：「所以，這個想法只是徒增自己的壓力而已，對解決問題一點幫助也沒有。」

松井：「老師說的沒錯，我被太多負面情緒限制，根本沒有多餘的時間和精力冷靜的分析問題，找出合適的解決方法。所以，我該怎麼做？」

你可以這麼做

面對現實：我可能做不到

高杉：「首先，你必須先從現實的角度思考。不要用偏離現實的高標要求自己，這樣就能避免自己陷入絕望，也不會無法接受不如自己預期的結果。」

松井：「能告訴我更具體的方法嗎？」

高杉：「首先，我希望你先承認自己不喜歡無法達成目標的感覺。」

松井：「不喜歡？」

高杉：「沒錯，實際上，世上根本沒有最壞、絕對不能發生的事。因為這些最壞、最糟、絕對不能發生的標準，說穿了都只是個人主觀的認定，沒有實際能作為標準的依據。你會要求自己『絕對要做到業績目標』的根本原因，正是因為你不喜歡失敗的感覺。」

❗從現實思考，就不會要求過高

松井：「對耶，我的確沒辦法找到一個公定的標準！不過，這樣感覺好像不太在乎業績，不會很容易就怠惰嗎？」

高杉：「不會，只要你能把壞思考轉換成好思考，就能讓你不被壓力影響，冷靜的找出問題的癥結，想出有效的解決方法。」

松井：「我該怎麼做？」

高杉：「很簡單，只要把絕對思考轉換成對自己的期待、希望就可以了。」

松井：「對自己的期待、希望？這不是很空泛嗎？」

高杉：「當然不會，實際上希望與絕對思考一樣，都能讓自己的意志更堅定，還能迴避絕對思考帶來的壓力，讓思考符合邏輯、現實，還能提高你的心理素質。」

松井：「但我很好奇，怎麼確認自己的思考符合邏輯與現實？」

高杉：「從你的思考來說，你要求自己一定要達到業績目標，這就是偏離現實的思考，因為沒有人可以百分之百達成業績目標，相反的，在現實中不能達成的機率更高。重點是，要分析沒達成目標的原因，透過不斷累積的經驗修正自己的做法，才能提高成功率。

「另外，你害怕被人批評，所以無論如何都要達成目標，這也不符合邏輯。因為兩者之間沒有直接的因果關係，頂多只能以『沒達到目標，可能會被人批評』，警惕自己。」

松井：「我懂了，所以要先檢視自己的思考是否符合現實和邏輯。」

高杉：「另外，你也可以從反面去檢驗，『絕對要達成目標』對自己有哪些好處，真的能幫助自己達成目標嗎？還是不切實際的自我要求而已。」

松井：「太好了，這樣我就能察覺自己是不是被壞思考控制。」

❗ 選擇「擔心」，讓你從容面對問題

高杉：「接下來，我希望你選擇好的負面情緒，用擔心取代焦慮。」

松井：「選擇情緒？」

高杉：「是的。人的情緒都是透過思考產生的。因此，藉由改變思考選擇情緒，對壓力管理來說非常重要。」

松井：「擔心……這也是負面情緒吧？」

高杉：「是的，但它是好的負面情緒。在承受沉重壓力時，即使努力振作，想積極的改變現狀，也無法發揮實際的效果，反而會為自己帶來更大的壓力。」

松井：「所以，擔心能有效解決問題？」

高杉：「是的，與不安或焦慮不同，擔心會促使你冷靜思考自己還有哪些不足，做更多準備，自然能避免失敗。」

松井：「沒錯，不安和焦躁都會打亂自己的節奏，使人更容易犯錯。」

高杉：「是的。只要能冷靜面對問題，就能讓你更有效率，並激發你的潛力。」

正確示範

好思考，激發出好點子

松井（自言自語）：「唉，看樣子上半年度的業績目標是達不到了。不知道有沒有其他方法可以提升業績，雖然無法達成目標也是預料中的事，但我還是希望能努力，提升業績。」

御津田：「松井，今天也要加班啊？工作還順利嗎？」

松井：「前輩也還沒回家啊？是啊，因為最近業績不太好，雖然用了很多方法，卻還是沒有改善，接下來我想試試看，多拜訪一些醫生。你有比較好的建議嗎？」

御津田：「這樣做很好啊，偷偷告訴你，我通常是在醫生看診告一段落，大概下午或傍晚的時間才去拜訪，這樣做成功率滿大的，你可以試試看。我先走囉，你也早點下班吧，加油！」

（走出辦公室。）

松井：「原來，我每次等半天，結果講不到兩句話就被打發走了，是因為挑錯時間了。我應該參考前輩的建議，換個時間去拜訪醫生。（看著鐘）哇，已經這麼晚了，今天晚上就好好休息，明天繼續努力吧！」

重點整理

只是改變想法，熱情也跟著回來了

對於「無法達成目標」這件事，松井好像已經能透過「好思考」，慢慢接受這個結果了。換言之，松井改變了自己的想法：「我希望能達成業績目標，但這只是我對自己的期待，我也沒辦法預期結果，如果最後還是失敗了，那也沒關係，只要分析無法達成的原因，繼續努力就對了。」

結果，松井不但學會選擇自己的情緒、不被「不安、焦慮」控制，還能坦然的向前輩請教拜訪的技巧。最後，松井果然得到前輩的建議，改變拜訪醫生的時間。

因為松井啟動好思考，選擇好的負面情緒，讓他不再被壞的負面情緒影響，他終於可以好好休息了。即使這次無法達成目標，松井也能維持熱情，繼續挑戰。

第 8 章

打擊太大好沮喪，要悲傷才能留住熱情

狀況7. 以為今年一定會當上主管，晉升名單卻沒有我！

若說多數企業以獲利為目的，那麼，升遷大概就是多數上班族工作的目標。但是，因為法定退休年齡往後延，每個人工作的時間延長；加上為了撐過不景氣，許多公司選擇削減人事預算，升遷的機會變得越來越少。

三十三歲的園部也面臨這個狀況。他在外資醫療器材大廠擔任業務，經過五年，他一直很希望有機會升遷，卻苦等不到。

以為今年一定會當上主管，結果……

園部和經理松崎在談今年人事會議的結果。

松崎：「對不起，我有在會議上為你說好話了，但今年的競爭實在太激烈了，所以……。」

園部（十分震驚，無法接受這個結果）：「我還以為今年可以順利晉升，說實在，我沒辦法接受這個結果……。」

松崎：「別難過，晉升本來就不是容易的事，只有少數人才能升遷，不過你的同事清水有在晉升名單內。」

園部（越發沮喪）：「什麼？清水高昇了！」

松崎：「別喪氣，說不定明年就是你了。」

園部（意志消沉的喃喃自語）：「還要等到明年！我已經完全失去熱情了。我想，我可能不太適合這家公司。我年紀也不小了，必須為自己的未來想想，或許該是離開的時候了。」

園部知道自己今年又沒被排入晉升名單內，感到非常沮喪，甚至出現離職的念頭。為什麼園部會有這種反應？我們一起分析他的思考，找出有效解決問題的方法吧。

哪裡有問題

超絕望，連耐心都用光了

高杉：「很遺憾，這次好像又無法晉升了。聽到這個消息，你有什麼感覺？」

園部：「好像被人從懸崖推下去一樣。這幾年，我一直以『五年內升上主管』為目標，現在，真的讓我失去動力了……。」

高杉：「你好像相當沮喪，甚至出現辭職的念頭？」

園部：「是的。不但無法晉升，還讓清水搶先一步。太可惡了，我明明就比他努力，為什麼他比我早升上去？」

高杉：「好，現在我們交換立場，假設你現在是我，你會對絕望到極點的我說些什麼？」

園部：「我會說，別在意，沒升上去又不是什麼大不了的事，明年還有機會。」

高杉：「但我真的快崩潰了。」

園部：「嗯……，沒晉升又不是世界末日，再努力就好了……，嘖，完全沒有說服力。」

高杉：「聽起來似乎是這樣。不過，你說的都是事實。不論你對無法晉升的結果有什麼感覺或看法，就現實來看，這真的不是什麼大不了的事，更不是世界末日。」

園部：「嗯，如果從第三者的立場來看，的確是這樣。」

高杉：「其實，你無法接受這個結果，是因為你被『絕對思考』影響了，因此你失去耐心，無法接受『明年也許還有機會』，加上『清水比自己早升遷』，這無疑是雪上加霜，讓你更加絕望。」

❶「今年一定要當上主管」，有可能嗎？

園部：「好像都被老師說中了，不過，為什麼我會有這種感覺？」

高杉：「我能理解你的感覺，但如果壓抑自己的情緒、勉強打起精神，只會對自己造成更大的壓力。所以，必須加強自己的心理素質，為自己打造強韌的心智，避免被壓力擊敗。」

園部：「我好像遭受太大的打擊，腦袋都打結了，不太懂老師的意思是什麼？」

高杉：「這麼說好了，因為你對晉升有非常強烈的企圖心。甚至偏離了現實。從你說『我今年非晉升不可』就可以發現，你已經被『絕對思考』影響，開始鑽牛角尖，甚至失去工作動力、對未來絕望，這都是由壞思考引起的不良反應。」

園部：「絕對思考？」

高杉：「是的，就是要求自己絕對要達成某個目標的想法。只要無法達成預期的目標，就會對這件事耿耿於懷，甚至出現偏激、負面的反應。」

園部：「也就是說，『我今年非晉升不可』的想法，讓我被這些情緒控制了？」

高杉：「沒錯，因為絕對思考會讓你認定：『自己今年一定會升遷』。結果，預期與現實出現強烈的落差，你當然會因此大受打擊，無法接受這個結果，甚至覺得自己太不幸了。」

園部：「為什麼我會這樣？」

高杉：「道理很簡單，因為你認為『絕對會發生的事沒發生，而且絕對不希望發生的事卻發生了』，就是這種強烈的反差讓你的情緒起伏太大，最後讓你被情緒控制，大腦還來不及思考，你已經先做出不恰當的反應。」

園部：「原來害我鑽牛角尖的凶手，就是絕對思考。」

❗打擊太大，乾脆完全放棄

高杉：「事實上，你會鑽牛角尖，正是由絕對思考產生壞的負面情緒，也就是對結果太失望引起的偏激反應。」

園部：「壞的負面情緒？」

高杉：「是的。過度失望會轉變成沮喪，這兩種都是壞的負面情緒，而且很容易讓人做出失去理智的行為。」

園部：「所以，也有好的負面情緒？」

高杉：「當然有，好的負面情緒能讓你冷靜的面對問題；壞的負面情緒會讓你失去正常的判斷力。就像你聽到壞消息後，你因為過度失望、沮喪，最後出現辭職的念頭，不管這是不是一時的氣話，都已經對你自己造成不良的影響了。」

園部：「冷靜想想，我好像真的太衝動了，我並不是真的想離職。」

高杉：「此外，當你聽到競爭對手清水高升後，你的情緒起伏更大了。這讓你的想法變得更極端，認定自己在這家公司沒有未來，這都是因為，你認定『自己絕對不能輸給清水』，這也是絕對思考。」

園部：「我的確這麼想。那麼，我該怎麼改變現狀呢？」

你可以這麼做

用「悲傷」替代「絕望」，讓你快速復原，繼續挑戰

高杉：「首先，不要選擇沮喪，而是選擇悲傷，因為悲傷是好的負面情緒。」

園部：「老師是在開玩笑吧，我又不是演員，哪能輕易選擇自己的情緒。」

高杉：「要選擇情緒的確不容易。但是，只要改變思考，就能選擇情緒，加強自己的心理素質。」

園部：「喔，就是扎穩根基嗎？」

高杉：「沒錯。這樣就能用好的負面情緒啟動正面行為。」

園部：「所以，以我的狀況來說，好的負面情緒就是悲傷囉。」

高杉：「是的，面對錯失高升機會的結果，情緒難免受到影響，免不了會有些不開心、失落。不過，只要你懂得用好的思考，就能用好的負面情緒取代壞

的負面情緒，降低被情緒控制的機會，自然能發揮實力，專心的解決工作問題。」

園部：「用悲傷取代沮喪嗎？」

高杉：「就是這樣，因為**沮喪**是壞的負面行為，很容易**讓人退縮、自我封閉**，這麼做都無助於改善現狀。但**悲傷卻能讓你透過與他人分享、傾訴，將情緒釋放，並從他人的安慰及建議中，快速恢復**。」

❗別想「絕對」，就不會被情緒困住

園部：「我知道了，我會努力選擇情緒，不被情緒控制。」

高杉：「太好了，你已經抓到要領了。我再告訴你一個簡單的方法，讓你輕鬆改變自己的想法，引導出好的負面情緒。也就是把『我今年絕對要升遷』，改成對自己的期待：『我希望自己今年能升遷』。」

園部：「我的確是這樣要求自己啊。」

高杉：「不是要求，是『期待』。因為絕對要求雖然能激勵自己，但也會帶來壓力，當你越堅定，壓力就會越大，最後你會被龐大的壓力壓到喘不過氣來。如果你能用期待取代絕對要求，就不會認定無法升遷是『絕對不能發生的事』，自然能降低現實與期望的差距，避免引起過度激烈的情緒。」

園部：「原來如此，不要把晉升當絕對要求，要當願望……。」

高杉：「畢竟，這個想法不符合實際狀況也缺乏邏輯。首先，這個目標的決定權不在自己的手上，實際上能升遷的人少之又少，即使每天都非常努力，也不能保證一定能升遷。這個要求說穿了只是過度夢幻的期待，不符合現實。「此外，即使今年不能升遷，也不代表你在這間公司沒有未來，就像你剛才安慰我的，或許明年還有機會，總之，這兩者間的邏輯不通，都只是自己主觀的想法而已。」

園部：「也就是說，我應該告訴自己：『我希望今年能晉升，但因為結果不是我能控制的，只要盡力就好，不用太強求』。」

高杉：「是的。當你能接受『可能不會升遷』的結果，即使這件事真的發生了，你也不會因無法接受事實大受打擊，更不會做出衝動的決定。」

園部：「沒錯，這麼做比較好。」

高杉：「還有一個方法，就是從實際利益檢視你的想法，你可以想一想，告訴自己『絕對要升遷』真的能幫助自己順利晉升嗎？如果不能，這就是沒有意義的想法，應該盡快修正。」

園部：「我明白了，我會記得老師的話，用期待取代絕對思考。」

正確示範

壞消息，我能接受

松崎：「對不起，我有在會議上試著為你說好話，但今年的競爭實在太激烈了，所以……。」

園部（覺得悲傷，但表現鎮定）：「我今年還是沒辦法晉升嗎？說實話，我真的很失望。」

松崎：「會失望是當然的，不過，人事調整的結果又不是我們能做主的，別太在意了。話說回來，你的同事清水有在晉升名單中耶。」

園部（驚訝的瞪大眼睛）：「蛤！清水高昇了。如果我今年也能高昇就好了。但是，就像你說的，結果也不是我們能決定的。」

松崎：「是啊，所以你不要太在意，我認為下次應該就輪到你了。」

園部：「謝謝你安慰我，不過，我還是想知道為什麼我無法獲得晉升？」

松崎：「這個嘛……，雖然我不這麼認為，但有人說，你開會時對自己的主張很堅持，缺乏彈性。」

園部：「原來如此，我會多注意，謝謝你告訴我。（心想）缺乏彈性……其實我自己心裡也有數。雖然覺得遺憾，不過結果都出來了，也不能改變什麼。唉，心情真的有點低落，不然放自己幾天假，去泡溫泉轉換一下心情吧。」

重點整理

要求低一點，你能飛得更高

因為懂得用好思考取代壞思考，園部已經能不那麼在意晉升失敗這件事，也不再鑽牛角尖了。他除了坦然接受事實外，更懂得如何選擇情緒。因為園部選擇悲傷取代沮喪，讓他能冷靜接受既定的結果，並想出去度個假、泡溫泉轉換心情，這都是正面積極的做法。

不只如此，因為好思考讓園部了解，「即使今年失去晉升的機會，明年還是可以再試試看」，讓他能減少許多自怨自艾的時間，更不會浪費力氣糾結於不理想的結果，他的心理素質也因此提升不少。

另外，園部還從松崎那裡打聽到其他人對自己的評價，也是這次讓他落選的主要原因。這讓園部能知道自己的弱點，增加自己的彈性，幫助他有效的解決問題，提高下次順利晉升的可能。

狀況8. 創業失敗，人生都毀了……

創業，是許多成年人的夢想，尤其是在低薪的時代，與其在公司做到死，不如出來闖天下。

但是，經營是一門高深的學問，即使懷抱著高度熱情，還是必須通過現實的考驗，否則，就很容易面臨倒閉的危機。

三十八歲的小林憑著一股熱情，加上在綜合商社製造成衣十年的經驗，和同事黑部決定一起創業。

但是，經過兩年的努力，事業還是無法上軌道。因為周轉不靈，公司最後宣布倒閉，連公司的所有資產都被沒收了。

「如果那時候……」但，回不去了

辦公室內所有東西都被搬個精光，只剩下空蕩蕩的辦公室。小林和黑部一臉陰鬱的站在辦公室裡，互相望著對方，對眼前的狀況感到無言。

黑部（嚴重沮喪）：「我們到底哪裡做錯了？」

小林（口氣強烈）：「我們失敗的理由很明顯啊。當那家公司在我們隔壁開量販店，專賣價格低廉的商品前，我們的事業一直進展得很順利。如果他們的店開在別的地方，我們現在應該早就賺大錢了。要不是周轉失靈，銀行又不願意再借我們錢，公司一定能撐下去。」

黑部：「是啊，**如果**、**要不是**……，**都是藉口**，反正我們現在結束了。」

小林：「唉，我才真的完了。創業失敗、負債，加上一把年紀，我到底還有什麼事能做得好？天啊，以後我該怎麼辦？」

黑部：「我想回鄉下休息，或許找個人結婚，過過小日子。」

小林：「真好，你還年輕，還有的方可以回去，我沒有臉回家見我的父母。不知道他們會怎麼說？一定會認為我不長進，我的朋友也會瞧不起我。算了，我乾脆躲到深山裡，一輩子不要出來好了。」

黑部：「你爸媽不是希望你當老師嗎？」

小林：「是啊。如果乖乖聽他們的話，就不會變成現在這個樣子。我的人生澈底毀了。」

好不容易創業，才兩年的時間，公司就倒閉了，所有的付出與努力都化成泡影，這讓小林對未來完全絕望了。現在，就來分析他的思考邏輯，幫助他打起精神，建立強大的心理素質吧。

哪裡有問題

無法面對失敗，只好想「早知道……」

高杉：「小林，聽說你開的公司倒了。你還好嗎？」

小林：「老實說，我非常沮喪，我現在什麼都不想做。」

高杉：「我知道，創業是你一直以來的夢想，所以你會這麼難過是很正常的。」

小林：「就差那麼一點，我就要成功了。如果那家低價量販店可以不要開在我們公司旁邊，我們就不會倒了。要不是銀行不再借錢給我們，我們一定能撐下去。現在，不管醒著、睡著，我滿腦子想的都是這些事。」

高杉：「你好像一直在想，『如果……早知道』。」

小林：「是啊，如果這些事都不曾發生就好了。」

高杉：「很多人遭遇挫折時，也會出現這種症狀。不過，這樣想並沒有辦法改變事實，對吧？」

小林：「我知道，但是……。」

高杉：「當然，從失敗經驗中記取教訓，是很好的學習。不過，如果太執著於已經發生的事實，不僅無法改變現狀，還會讓自己產生龐大的壓力。」

小林：「這個我明白，但是我就是會這樣想，想到我根本沒辦法睡覺。」

高杉：「這是因為，你無法接受這個結果，很想逃避現狀，最好這一切都沒發生過。」

小林：「你說對了，我希望這一切都沒發生過。我從沒想過自己創業會失敗，我怎麼能失敗？」

創業失敗，人生真的就毀了？

高杉：「我想，你應該從來沒想過創業失敗怎麼辦吧？」

小林：「沒錯，我只是拚命的想要怎麼成功。」

高杉：「但現在失敗了，你的感覺是？」

小林：「我覺得自己很慘、人生都完了。」

高杉：「是的，因為你認為『創業絕對不能失敗』，這是不應該發生的結果。創業失敗對你來說，就是一件不可能發生的事卻發生了，因為結果與期待產生高度落差，大大打擊你，讓你被壞的負面情緒包圍，所以你會覺得自己很慘、很可憐，連人生都毀了。說穿了，是你被自己的壞思考控制了。」

小林：「我被自己的思考控制了？真是莫名其妙，這又不是我能控制的結果。」

高杉：「很多人都覺得，情緒是無法控制的，不過這是錯誤的想法。因為人的情緒都是由思考產生的，如果情緒是被外在狀況誘發的，那麼，每個人面對相同狀況時，應該會出現一模一樣的反應。」

「但是，你從這次的事件就能發現，你和合夥人的反應就不一樣了。雖然你們都覺得沮喪、難過，但對方決定回老家結婚，換個環境重新開始，你卻覺得人生毀了，什麼事都不想做。這就表示，情緒是透過思考產生的，而思考說穿了，就是人的價值觀，你只要改變思考，就能選擇情緒和行為。」

小林：「老師的意思是說，情緒和行為都可以被選擇？」

找對象怪罪，只會更走不出來

高杉：「就是這個意思。當你把公司倒閉這件事看得越嚴重，就會越想揪出造成這個結果的元凶。所以，你把所有錯都推給開在公司隔壁的低價量販店。」

小林：「這是事實，都是他們的錯。」

高杉：「或許，他們影響你們的生意，但我希望你客觀的想，這個真的是公司倒閉的主要原因嗎？另外，你因為認為親友一定會看不起你，還想乾脆躲到深山裡不再出來，這就是壞的負面情緒引起的負面反應，讓你對自己的未來感到絕望、悲觀。」

小林：「是的，我只想逃避，最好能躲得遠遠的。」

高杉：「遺憾的是，即使你真的躲入深山，也無法解決問題。你還是會一直想著如果當初……、要不是那時候……，像鬼打牆一樣，重複思考相同的問題。這麼做，不但解決不了問題，反而只會讓你對一心逃避的自己，感到更失望、厭惡。」

你可以這麼做

回到現實，搞清楚為什麼失敗？

小林：「那麼，我到底應該怎麼做？」

高杉：「你只要改變思考就好。首先，我希望你從現實的角度思考。」

小林：「現實？」

高杉：「是的，因為你的腦袋裝滿『絕對思考』，你對未來絕望、覺得自己的人生毀了，這些想法都已經偏離了現實。當然，創業失敗的確會讓人打擊很大，但你已經悲傷過度，失去正常的判斷能力了。」

小林：「所以，我被『絕對思考』控制了？」

高杉：「是的，我知道你很想忘記創業失敗這件事。但是，冷靜想一想，創業失敗可能是重新出發的另一個新起點。」

小林：「另一個新起點？」

高杉：「是的，不管你現在有多沮喪、絕望，都不會是世界末日，明天早上太陽依舊會高高升起。」

小林：「我也想要這樣想啊，但是……。」

高杉：「不管你現在做不做得到，這都是事實。即使你的公司倒了，這個世界還是會繼續運轉下去。」

小林：「但是，我的世界結束了。」

高杉：「這是你的想法，實際上，世界只有一個。」

小林：「我當然知道世界只有一個，但我感覺世界就在我眼前崩潰了，不管怎樣，我真的很難接受這個事實。」

❗不想「絕對不能失敗」，降低衝擊

高杉：「想要坦然接受結果，首先要停止對自己的絕對要求，將目標設定為對自己的期待。因為絕對思考無形中讓你的想法定型了，你認定創業絕對不能失敗。當你得知創業失敗了，就會讓你很難接受現實，甚至陷入惡劣的情緒中。」

小林：「是的，不能失敗。」

高杉：「所以，創業失敗時，對你來說就是『絕對不能發生的事發生了』，是個無法接受的悲劇。」

小林：「確實是這樣。」

高杉：「就是因為這樣，會造成你很大的精神壓力。即使你想破頭，對自己也沒有任何好處。」

小林：「因為我認定『這是絕對不能發生的事』，所以一旦這件事成真，就會覺得世界毀滅了、人生都完了？」

高杉：「沒錯。如果你想避免一再被自己的思考影響，就把『絕對思考』，改為對自己的『期待、希望』。以你的個案來說，就是讓自己轉換念頭，跟自己說：『希望創業能順利』、『創業最好不會失敗』。只要這麼做，不需要捨棄自己的價值觀及目標，還能迴避壓力，增加成功率。」

「悲傷」可以分享，讓你快速復原

小林：「只要這麼做，就能從痛苦中解脫了嗎？」

高杉：「我無法給你百分之百的保證，因為這也是一種絕對思考，但我認為，機率相當高。」

小林：「我明白了，我會試試看。」

高杉：「除了要告訴自己『希望創業能順利』外，還要明確否定絕對要求，也就是提醒自己，『創業也可能失敗，無法保證一定會成功』。這麼一來，就能將思考轉為正向，避免情緒起伏太大，幫助自己順利選擇好的負面情緒。」

小林：「原來如此，如果能改變思考，就能選擇情緒，坦然的接受事實，還能正向的思考，把失敗當成重新出發的契機。」

高杉：「是的。而且就情緒來說，應該選擇比較健康的負面情緒，也就是用『悲傷』取代『沮喪』。」

小林：「選擇悲傷？我從來沒有想過情緒是可以選擇的。」

高杉：「當然，這種方法需要經過多次練習，才能熟練的使用。只要你找到選擇情緒的要領，就能不被情緒控制，不管面對多大的難關，都能用平常心，拿出專業好好的解決問題，想出最好的方法，更能加強自己的心理素質。」

小林：「我知道了，謝謝老師！」

正確示範

今天錯了，明天還能重新開始

黑部（失魂落魄的說）：「我們到底哪裡做錯了？」

小林（沮喪）：「我們的創業之路竟然這麼不順利。我們行銷的想法都不錯，也都有很好的成果，只是我們對資金周轉不夠了解，最後還是失敗了。」

黑部（氣餒）：「我想回老家休息一陣子，或許找個人結婚，過過小日子。」

小林：「奇怪，會計帳上明明有盈餘，但我們卻沒有現金，為什麼會這樣？這和應收帳款、庫存、應付帳款有關。看來，我們還是得多累積一些會計及財務知識。」

黑部：「我們對數字都很遲鈍，但很了解客人喜歡什麼。我發現，我們對商品的感覺很敏銳。」

小林：「的確，下一次我們要先找好金主，或是與對數字比較敏感的人合作，加上這次的教訓，說不定我們就能成功了。或許，現在我們可以放個假休息一下。要不要一起去泡溫泉？」

黑部：「太好了，我好久沒泡湯了。先喘口氣，再好好思考下一步該怎麼走。」

小林：「沒錯，過了今天，明天又是一個全新的開始了。」

重點整理

把壞情緒分享出去，留住熱情

創業失敗對任何人來說，都是沉重的打擊。但是，小林已經能接受公司倒閉的事實，因為他懂得用「期待、希望」取代「絕對思考」，一旦啟動好思考，即使結果是壞的，也能選擇好的負面思考，自然能誘發出正面、積極的行為。雖然他還是覺得非常「悲傷」，卻成功迴避了「憤怒」和「沮喪」，進而能夠冷靜分析創業失敗的原因，最主要是兩個人對財會的知識不足。

小林不再抱怨競爭對手和銀行，也不再否定自己。取而代之的是，小林還找出問題的癥結：「會計帳上明明有盈餘，為什麼會沒有現金？」這個問題讓他明白，自己在財務上的知識還是太薄弱了。

另外，因為不必承受「絕對思考」帶來無謂的壓力及精力消耗，小林就能把保留下來的精力和熱情，積極的繼續挑戰，完成他的夢想。

專欄

強大的心理素質讓你輕鬆，他更有成就

在協助各種企業強化員工心理素質的過程中，常有人問我：「可是，公司逼我『絕對要做到』，我該怎麼辦？」尤其是在不景氣的現在，主管希望能盡快做出成績，對員工要求也會越來越高，開口閉口都是：「你一定要想辦法」、「絕對不能失敗」。面對這種情況，我的建議是：「**別理**。」即使主管板著臉對你說：「你絕對要把這件事做好。」你也不需要被他左右。過度在意主管的命令，只會增加壓力，反而會讓你分心，無法專注在工作上。

其實，只要仔細想想就能發現，**主管話中的「絕對」、「一定」，只是為了增加員工的企圖心和熱情。主管的主要目標，還是「希望」**能把工作完成。因此，你只要明白主管的主要目標，告訴自己：「我希望能達到主管的要求完成目標，不過，沒有人能預測結果，我只要努力完成就好。」把主管的壞思考，轉換成能為自己打氣、又不會為自己增加壓力的好思考。這麼一來，不論面對什麼狀況，你都能冷靜的分析，找出正確、有效的解決方法，這就是擁有強大心理素質的好處。

組織用絕對思考要求員工，必敗！

為什麼主管經常強勢的要求員工一定要完成？我想，有可能是主管面對來自高層的壓力，為了讓自己撐過去，不自覺的用絕對要求砥礪自己，卻陷入思考盲點，不只自己承受極大的壓力，連帶的使得部屬也必須承受來自主管的壓力，造成惡性循環。

通常主管會用這種方法帶領團隊，大多是誤以為用絕對要求刺激部屬，就能營造出努力的氣氛，促使部屬動起來，提高團隊效率。不可否認，適當的壓力的確能提升團隊或個人的表現，但如果長期用絕對要求逼部屬或自己達成目標，不但無法提升團隊效率，還會因為訂出不符合現實的目標卻做不到，而備受打擊，幾次失敗後，不但會讓自己信心全失，團隊士氣也大受影響。

在高度壓力的工作環境下，即使能力再強的人，都很容易被影響，甚至表現失常。這時候，如果主管再用「絕對思考」要求部屬，本來已經難以負荷的壓力，就會加倍、快速的累積，逼得部屬無法專注在工作上，更無法拿出水準以上的實力，做出一番成績。

你可能也曾看過，平常表現優異、屢創佳績的同事，突然在辦公室崩潰、大吵大鬧或痛哭，這都是因為他們平常累積了太多壓力，最後被壓力壓垮了。

只要分析這些人的壓力來源，就能發現，他們多數是被絕對思考控制，對自己做了偏離現實的要求，也就是自己想出了龐大的壓力，把自己逼到絕境。當然，用絕對要求激勵部屬的主管，也必須承擔一半的責任。

運用「符合希望」思考，對組織是有利的

想要打造高效率團隊，或期待部屬做出成績，就不該再用絕對要求，為部屬製造不必要的壓力。取而代之的是，主管可以用「希望、期待」，促使部屬積極、主動達成目標，表現更傑出，並培養出心理素質強大的部屬。

我相信大家都知道，在高度壓力的環境中，心理素質越高的人，越有可能做出好表現，並能穩健的成長。如果主管一味的用高壓、命令的方式管理部屬，只會打擊他們的信心，製造更大的壓力，這麼一來，不但影響部屬的身心健康，嚴重一點的甚至會搞砸重要的專案，造成公司不必要的損失。

因此，我認為比起要求部屬增加自己的專業知識或技能，**培養部屬強大的心理素質，才是決定組織成敗的重要關鍵**。如果團隊成員都擁有高度的心理韌性，當專案遇到瓶頸或突發狀況時，就能避免浪費無謂的力氣爭吵、衝突，全心全意的專注在處理狀況與找出應變措施，自然能提高成功率，讓組織穩定的成長。

主管也要學習激勵員工的新方法

我建議，**主管在給與部屬指令時，最好能以期待取代絕對要求**，讓部屬願意主動、積極的達成目標，這可以說是一種**新的輔導技術**。

提到輔導部屬，大家就會聯想到要透過「**積極傾聽**」、「**引導部屬說出真心話**」。但

是，這兩種方式都是由主管主動，部屬處於被動的狀態，效果其實很有限。

如果換個方式，由主管向部屬說明目標，用希望、期待誘發部屬行動，不但能降低部屬的壓力，還能讓部屬化被動為主動，積極完成主管託付的任務。更棒的是，部屬的心理素質提高了，一旦遇到意外，他也能冷靜處理，想出最適當的解決方法，主管就不需要為他善後，甚至花許多時間開導、安慰部屬，間接提升團隊的效率。

由此可知，**強化心理素質不只對個人有幫助，更能為團隊帶來正面的影響**，若你身為管理者，更應該從自己做起，用這個辦法幫助部屬建立強韌的心智。

結語

被裁員別生氣、沮喪，但可以遺憾

一九九〇年，我是麥肯錫企管顧問公司紐約事務所唯一的日本顧問。同年，日本經濟邁向泡沫化前的顛峰，美國經濟卻因為嚴重的不景氣在做垂死掙扎。

當時，我在麥肯錫專門為金融機關服務的部門工作，因此，那時我代表部門參加「美國商業銀行改善業務專案」。為了這個專案，我常搭乘紅眼班機（指晚上十點飛離舊金山，隔天早上七點到達紐約的班機。如果在飛機上無法熟睡的人，第二天到達目的地時，兩眼就會紅紅的，所以這種班次又被稱為紅眼班機）來往兩的。

這個專案主要是協助銀行削減人事成本、簡化業務流程。後來，專案順利結束，客戶非常開心，我當然也為客戶感到高興。為了慶祝專案成功，當時麥肯錫的執行董事葛拉克（Fred Gluck）還親筆寫信向我道謝。因為這個專案裁撤了非常多人，可想而知，遭到裁撤的人心情一定壞透了。這是為了讓公司繼續生存下去，不得不執行的必要措施，當然沒有人想要當劊子手，只好由我這個外人來處理。

專案結束後約莫過了兩、三個月，我又參與了另一個專案。某天中午，我走在曼哈頓的商業街上，有人叫住我。這個人是之前代表客戶、參與先前那個裁撤專案的其中一人。他一開口就告訴我：「沒想到，我也在那個專案的裁員名單內，我被炒魷魚了。」原來，**連身為專案成員的他也被裁撤了**。

頓時我不知道該怎麼回答，只能勉強吐出一句老套的話：「喔，我很難過聽到這個消息。」畢竟，我是專案的負責人，銀行是公司的客戶，所以我不能指責客戶，也不能說公司的不是。事實上，銀行和我們公司都沒有錯。

碰到這種狀況，或許有人會挖苦的說：「說這種話未免太虛假了，還不如保持沉默。」但是，那個人聽到我的回話後，只說了一句：「是啊，我也覺得很遺憾。」對於讓他捲鋪蓋走人的銀行，甚至是主導這一切的管理顧問公司，都沒有絲毫的怨懟和憤怒。後來，我們站著聊了幾句話，就握手道別了。

如果換成其他人，不知道會出現什麼反應。不過，我深深佩服他擁有強大的心理素質。

還有一次，我和一家知名外商公司的美國籍高層，討論成為經理人必備的條件。結果，我們一致認為財務金融、邏輯思考、簡報技術、情緒處理，是經理人不可或缺的四個條件。其中，我認為最重要的就是情緒處理。

希望本書能幫助所有上班族習得情緒處理的技巧，不論在如何高壓、惡劣的環境中，都能保持冷靜，用專業的態度處理任何問題，邁向菁英之路。

國家圖書館出版品預行編目（CIP）資料

麥肯錫情緒處理法與菁英養成：為什麼從這家公司出來的人，都這麼強？／高杉尚孝著；劉錦秀譯. --二版. --臺北市：大是文化，2020.10

272面；14.8 X 21公分.--（Think；207）

譯自：実践・プレッシャー管理のセオリー

ISBN 978-986-5548-10-0（平裝）

1. 企業管理

494.1　　109012304

Think 207

麥肯錫情緒處理法與菁英養成

為什麼從這家公司出來的人，都這麼強？

作　　者／高杉尚孝
譯　　者／劉錦秀
責任編輯／黃凱琪
校對編輯／張祐唐
美術編輯／張皓婷
副總編輯／顏惠君
總 編 輯／吳依瑋
發 行 人／徐仲秋
會　　計／許鳳雪、陳嬅娟
版權經理／郝麗珍
版權專員／劉宗德
行銷企劃／徐千晴、周以婷
業務助理／王德渝
業務專員／馬絮盈、留婉茹
業務經理／林裕安
總 經 理／陳絜吾

出 版 者　大是文化有限公司
臺北市衡陽路7號8樓
編輯部電話：（02）23757911
購書相關資訊請洽：（02）23757911 分機122
24小時讀者服務傳真：（02）23756999
讀者服務E-mail: haom@ms28.hinet.net
郵政劃撥帳號 19983366 戶名／大是文化有限公司

法律顧問／永然聯合法律事務所
香港發行／豐達出版發行有限公司 Rich Publishing & Distribut Ltd
地址：香港柴灣永泰道 70 號柴灣工業城第 2 期 1805 室
Unit 1805, Ph. 2, Chai Wan Ind City, 70 Wing Tai Rd, Chai Wan, Hong Kong
電話：（852）2172-6513　傳真：（852）2172-4355
E-mail：cary@subseasy.com.hk

封面設計／李涵硯
內頁排版／鴻霖印刷傳媒股份有限公司
印　　刷／鴻霖印刷傳媒股份有限公司
出版日期／2020 年10月二版
定　　價／新臺幣340元（缺頁或裝訂錯誤的書，請寄回更換）
ISBN 978-986-5548-10-0